W0078895

Jörg Urban • Jürgen Brück
Fahrradreparaturen

Jörg Urban • Jürgen Brück

Fahrradreparaturen

Wartung und Pannenhilfe

Jörg Urban war Vorsitzender des Allgemeinen Deutschen Fahrrad-Clubs (ADFC) in Darmstadt. Er gab Volkshochschulkurse zur Fahrradtechnik und -reparatur und ist heute verantwortlicher Redakteur und Autor der Vereinszeitschrift des ADFC.

Jürgen Brück schrieb bereits während seines Studiums für die lokale Presse. Heute ist der passionierte Fahrradfahrer als freier Journalist und Autor mit den Schwerpunkten Technik und Wissenschaft tätig.

© Gondrom Verlag GmbH, Bindlach 2007

Produktion: twinbooks, München
Covergestaltung: Christine Retz
Umschlagfoto: mauritius images/age fotostock

Bildnachweis:
ABUS: 9; Brettmann, Margit (in Zusammenarbeit mit Fahrradhaus Saß, Inh. Dieter Saß, Rostock-Südstadt): 23, 57, 66, 67, 70, 71, 75, 76, 87, 88, 95, 96, 100, 101, 111, 113, 119, 120, 121, 122, 128, 129, 136, 138, 140, 141, 143, 146, 154, 155, 158, 159, 167, 168, 173, 175; Heller, Sonja: 73, 84, 86, 91, 93, 136, 137, 154, 167; Pressedienst-Fahrrad: 10, 11, 13, 17, 30, 37, 58, 59, 62, 63, 64, 112, 125, 164.

001
ISBN 978-3-8112-2938-9

5 4 3 2 1

www.gondrom-verlag.de

Inhalt

Ungebremste Fahrfreude

Fast jeder verfügt hierzulande über ein Fahrrad. Die große Fahrradbegeisterung bei Jung und Alt ist kein Wunder. Auf dem Sattel können Sie Wald und Flur hautnah erleben und genießen. Die Bewegung an der frischen Luft hebt nicht nur Ihre Stimmung, sie ist auch ein echter Kick für die Gesundheit. Und nicht zu vergessen: Fahrradfahren schont die Umwelt. Immer mehr Alltagsradler nutzen das Zweirad inzwischen auch für den Weg zur Arbeit oder Schule. In den aus den Nähten platzenden Citys kommen Sie als geübter Pedalentreter mit dem Drahtesel in der Hauptverkehrszeit meist schneller voran als so mancher Autofahrer.

Allerdings währt das ungetrübte Fahrvergnügen immer nur so lange, bis die ersten Pannen auftreten. Die Technik der modernen „Zweirad-Vehikel" ist mittlerweile so komplex, dass Sie nicht mehr unbedingt auf den ersten Blick erkennen können, was eigentlich defekt ist. Und auch wenn Sie das Problem kennen, heißt das noch lange nicht, dass Sie selbst die erforderliche Reparaturmaßnahme beherrschen.

Damit die Lust nicht dem Frust weicht, finden Sie hier alles Wissenswerte zum Thema Fahrradreparatur. Egal ob Reifen, Bremsen, Beleuchtung oder Rahmen einer Reparatur bedürfen: Hier erfahren Sie Schritt für Schritt, wie Sie vorgehen müssen. Damit Sie lange Freude an Ihrem Rad haben, kommen auch Tipps zu Wartung und Pflege nicht zu kurz. In diesem Sinne: ran an die Arbeit und rauf auf das Rad!

Fahrrad ist nicht gleich Fahrrad

Seit der Erfindung des Fahrrads – eines Laufgestells mit zwei Rädern – im Jahre 1817 durch Freiherr Carl von Drais haben sich zahlreiche Tüftler mit diesem Verkehrsmittel beschäftigt. Das Ergebnis sind eine Reihe von Fahrradtypen für die unterschiedlichsten Zwecke (siehe „Tipps zum Fahrradkauf" auf Seite 51 ff.). Allen Zweirädern gemeinsam ist ihr Antrieb durch Muskelkraft, die Fortbewegung auf dem Boden, ein Rahmen und mindestens ein Rad.

Arten von Fahrrädern

Stadt- oder Cityrad

Das Stadtrad wurde speziell für Fahrten in der City konzipiert. Die Modelle sind meist gefedert und besitzen eine Federgabel sowie gefederte Sattelstützen. Ihr Rahmen ist stabil und im Allgemeinen recht schwer. Stadträder sind mit eher breiten Reifen (zum Beispiel 47 mm) ausgestattet. Selbstverständlich verfügen sie über eine vollständige Straßenausstattung. Licht, Gepäckträger, Schutzbleche und Klingel zählen dazu. Eine Nabenschaltung und ein Kettenschutz vervollständigen das Stadtrad, auf dem Sie aufrecht sitzen.

Tourenrad

Das Tourenrad eignet sich besonders gut für längere Fahrradtouren und -reisen. Rahmengeometrie, eher schmaler

Sattel und ein Rennrad- oder Triathlonlenker führen zu einer sportlich nach vorn gebeugten Haltung.

Tourenräder besitzen einen stabilen, meist recht leichten Rahmen, eine Federung ist eher unüblich. Die Reifen weisen eine mittlere Breite (zum Beispiel 37 mm) auf. Bei Tourenrädern findet man häufig eine Kettenschaltung oder Rohloff-14-Gang-Nabenschaltung, die bereits eine recht sportliche Fahrweise ermöglichen. Normalerweise kommen diese Räder mit einer kompletten Straßenausstattung in den Handel und können ohne Weiteres im Straßenverkehr benutzt werden.

Mountainbike

Beim Mountainbike handelt es sich um ein Spezialrad fürs Gelände. Sein kleiner, stabiler und leichter Rahmen, der meist gefedert ist (mindestens Federgabel), fällt gleich ins

Auge. Auch hier ist die Sitzposition um etwa 45 Grad nach vorn gebeugt. Die breiten Reifen mit einem Durchmesser von 559 mm – das entspricht 26" – sind ideal fürs Gelände. Die Hersteller von Mountainbikes versehen ihre Sport- und Freizeitgeräte im Allgemeinen mit einer Kettenschaltung. Dafür besitzen sie aber weder Licht noch Gepäckträger. Gelegentlich finden Sie bei Mountainbikes Schutzbleche zum Anstecken. Wegen der fehlenden Beleuchtung, sind die Räder in Deutschland nicht für den Straßenverkehr zugelassen! Das gilt auch für Feld- und Waldwege!

Rennrad
Rennräder sind ausschließlich für Rennveranstaltungen und Trainingseinheiten auf der Straße, also auf ebenem Asphalt, konzipiert. Sie besitzen einen sehr leichten Rahmen und sind ungefedert. Die Sitzposition ist extrem flach, nahezu nach vorn gebeugt liegend. Dazu gehören ein spezieller Lenker und ein sehr schmaler Sattel. Besonders schmale, stark auf-

gepumpte Reifen kennzeichnen diese „Rennmaschinen" ebenso wie die Kettenschaltung. Ähnlich wie die Mountainbikes verfügen Rennräder weder über Licht noch über Gepäckträger. Steckschutzbleche sind bei ihnen ebenfalls nicht üblich. Wegen der fehlenden Beleuchtung sind sie in Deutschland nicht für den Straßenverkehr zugelassen!

BMX-Rad

BMX-Räder sind ausschließlich für die gleichnamige Sportart geeignet. Es gibt speziell für diese Art von Fahrrädern gedachte Plätze, die zum Beispiel mit so genannten Halfpipes und anderen Geländeausformungen ausgestattet sind. Die BMX-Räder haben einen extrem kleinen Rahmen und sind mit einer Spezialausstattung versehen. Die BMX-Räder sind für den Straßenverkehr völlig ungeeignet!

Liegerad

Zu unterscheiden sind Lang- und Kurzlieger. Der Rahmen ist meist handgefertigt und besitzt zahlreiche Spezialteile. Die sitzende bis liegende Haltung erfordert einen speziellen Sitz. Unterschiede gibt es auch beim Lenker: Dieser kann unten- oder obenliegend angebracht sein und auch hinsichtlich seiner Form erheblich variieren. Eine gute Federung ist hier sehr wichtig, aber trotzdem nicht bei allen Modellen vorhanden. Beim Kauf sollten Sie also diesem Punkt Ihre besondere Aufmerksamkeit schenken. Auch die Bereifung ist – je nach Typ – sehr unterschiedlich, häufig finden Sie sogar unterschiedliche Reifendurchmesser beim Vorder- und Hinterrad. Bei Liegerädern sind alle Schaltungsarten gebräuchlich, aber Kettenschaltungen bilden die Regel. Die Räder werden für gewöhnlich mit vollständiger Straßenausstattung ausgeliefert.

Tandem
Als Tandem wird ein Spezialrad für zwei oder mehr Personen bezeichnet. Tandems besitzen meist handgefertigte Rahmen mit einigen Spezialteilen. Die Sitzposition ist aufrecht. Im Handel sind die Zweimann-Drahtesel mit ganz unterschiedlichen Lenkern erhältlich. Eine Federung wird dagegen selten angeboten. Die Reifen sind – je nach Typ – mittel bis breit. Bei Tandems sind Kettenschaltungen üblich, vereinzelt trifft man aber auch Nabenschaltungen an. Tandems besitzen in der Regel eine komplette Straßenausstattung. Sondermodelle sind Zwitter aus Tandem und Liegerad, Mountainbike und Ähnlichem.

Faltrad
Ein Faltrad ist nicht mit dem bekannten Klapprad zu verwechseln. Beim Faltrad handelt es sich um eine Spezialkons-

truktion. Ein besonderer Rahmen ermöglicht das Zusammenfalten des Drahtesels. Dabei handelt es sich meist um einen handgefertigten Rahmen mit einigen Spezialteilen. Mittlerweile bieten Hersteller die unterschiedlichsten Modelle an. Die Palette reicht von sehr kleinen Konstruktionen bis hin zu ausgewachsenen Fahrrädern. Einige zusammenzufaltende Modelle ermöglichen eine nahezu normale Sitzposition und eignen sich deshalb für längere Radtouren. Im Angebot befinden sich zudem einige voll gefederte Räder. Die Schaltungen reichen von gar keiner über Dreigangnabe, Rohloff-Nabe bis zu 27-Gang-Kettenschaltung. Gepäckträger, Schutzbleche und Licht sind nicht immer vorhanden. In öffentlichen Verkehrsmitteln können Sie Falträder kostenlos transportieren, allerdings nur, wenn Sie eine Verkleidung um das Rad machen, denn dann gilt es als normales Gepäckstück.

Fahrrad in Stand halten

Fahrräder sind wie alle anderen Fahrzeuge den Umwelteinflüssen des Straßenverkehrs ausgesetzt. Dazu gehören
etwa Nässe, UV-Strahlung, Temperaturwechsel, Schmutz
(Schleifwirkung von Partikeln) und mannigfaltige chemische
Einflüsse, wie zum Beispiel das Salz im Winter. Die technischen Anforderungen, die heute an Zweiräder gestellt
werden – allen voran ihr niedriges Gewicht –, führen dazu,
dass ihre Bauelemente wesentlich näher an die Grenzen der
physikalischen Belastbarkeit stoßen, als dies bei Autos der
Fall ist. Deshalb sind Wartungsarbeiten am Fahrrad bereits
bei deutlich niedrigeren Kilometerleistungen erforderlich.

Wie alle Maschinen mit bewegten Teilen benötigen auch
Fahrräder regelmäßige Pflege und Instandhaltung. Dies gilt
selbst dann, wenn der Drahtesel gar nicht benutzt wird! Ein
Rad, das monatelang in einem Kellerraum sein Dasein fristet,
verliert zum Beispiel Luft aus dem Schlauch, setzt Rost an,
und auch die Lager können schwergängig werden. Je nach
Einsatz und Nutzungsart – mehr Straße, mehr Gelände –
sollten Sie folgende Arbeiten regelmäßig selbst durchführen
oder durchführen lassen.

Reinigung

Etwa alle 500 Kilometer sollten Sie Ihr Fahrrad einer gründ-
lichen Reinigung unterziehen. Schütten Sie bei starker Ver-
schmutzung mit einer Gießkanne mit Brausekopf lauwarmes
Wasser von oben auf das Rad, nicht jedoch auf den Sattel.

Sie können ihn mit einer Plastiktüte abdecken. Putzen Sie schwierige Stellen mit einem nassen Lappen nach. Verwenden Sie jedoch niemals einen Dampfstrahler oder den scharfen Strahl eines Gartenschlauchs oder gar Hochdruckreinigers! Der hohe Druck reinigt zwar hervorragend, aber das Wasser dringt zusammen mit Schmutzpartikeln auch in die Lager ein. Diese werden entfettet und verschmutzen von innen. Rascher Verschleiß und die Zerstörung der Lager sind die Folge. Bei Radfahrten im Winter, wenn Streusalz gestreut wurde, sollten Sie sofort danach mindestens den unteren Teil des Fahrrads wie beschrieben abspülen.

Ölen und fetten
Lassen Sie das Fahrrad nach der Reinigung zunächst trocknen. Ölen Sie dann mindestens die Kette (siehe „Antrieb" auf Seite 133). Auch nach längeren Fahrten bei Regen sollte die Kette geölt werden. Es ist günstig, auch weitere bewegliche Teile zu fetten, sofern diese von außen zugänglich sind. Dabei gilt: Verwenden Sie nicht zu viel Öl.

Lassen Sie es einige Zeit einziehen und wischen Sie dann überschüssiges Öl, insbesondere an der Kette, mit einem robusten Lappen ab. Jede Schraube, jede Mutter und jede Unterlegscheibe, kurz, alles, was geschraubt wird, sollte vor dem Einbau gefettet werden. Das Gleiche gilt für alle Seilzüge, Lager, Achsen und aufgesteckten Teile wie zum Beispiel Ritzel. Ledersättel sollten Sie regelmäßig mit einem speziellen Lederfett einfetten. Ausnahme von der Regel: Die Fahrradlampen, diese dürfen Sie innen niemals fetten oder ölen.

Sitz des Seitendynamos prüfen
Ist die Dynamohalteschraube noch richtig fest? Prüfen Sie dies, indem Sie versuchen, den Dynamo um die Schraube herum zu verdrehen. Gelingt das, sollten Sie die Schraube ordentlich festziehen. Außerdem sollten Sie prüfen, ob die Reibrolle – das ist das Teil, das auf dem Reifen liegt, wenn der Dynamo eingeschaltet wird – noch ausreichend Profil hat.

Lichtkabel prüfen
Nehmen Sie gelegentlich die Kabel der Beleuchtung ins Visier. Vor allem bei den Bereichen, in denen sich Kabel bewegen müssen, also bei der Gabel, ist eine regelmäßige Inspektion ratsam. Ist die Isolierung noch in Ordnung und nicht angescheuert? Sehen Sie sich auch die Anschlüsse an Dynamo, Scheinwerfer und Rücklicht an, testen Sie durch vorsichtiges Ziehen, ob noch alle Verbindungen fest sitzen.

Licht prüfen
Drehen Sie das Rad mit angeschaltetem Dynamo von Hand, leuchten Scheinwerfer und Rücklicht? Falls nicht, kann das bei neueren Rädern daran liegen, dass das Licht über einen Schalter – er befindet sich in der Regel am Scheinwerfer –

noch eingeschaltet werden muss. Prüfen Sie noch einmal, nachdem Sie diesen Schalter auf „ein" gestellt haben.

Reflektoren prüfen
Sind noch alle Reflektoren vorhanden – zwei je Rad, zwei je Pedale, am Fahrradrahmen einer nach vorn, zwei nach hinten, davon einer im Rücklicht integriert? Sind die Reflektoren sauber? Reinigen Sie diese gegebenenfalls oder tauschen Sie diese aus.

Seilzüge wechseln
Warten Sie bei den Bremszügen nicht so lange, bis diese reißen! Dann haben Sie unter Umständen in einer kritischen Situation keine Bremswirkung mehr. Sehen Sie sich etwa alle 1 000 Kilometer Bremszüge und Schaltzüge genau an, zumindest die sichtbaren Bereiche. Kritisch ist vor allem die Einhängung am Bremsgriff bzw. am Schaltungsschalter. Sobald hier auch nur eine einzige Seele – das sind die einzelnen dünnen Drähtchen, aus denen ein Zug zusammengesetzt ist – gerissen ist, sollten Sie den Zug sofort austauschen.

Reifen und Reifenluftdruck

Achten Sie auf den richtigen Reifendruck. Prüfen Sie den Druck etwa alle 500 Kilometer oder nach längerer Stillstandszeit des Fahrrads. Der Druck sollte nicht wesentlich unter dem zulässigen Höchstdruck liegen – minimal $^3/_4$ davon, sofern vom Reifenhersteller kein anderer Wert angegeben wird. Hat der Reifen noch genügend Profil? Sind Risse im Reifen erkennbar? Ist dies so, tauschen Sie den Reifen aus.

Seltsame Geräusche

Wenn es irgendwo am Fahrrad klappert oder schleift oder sonst ein ungewöhnliches Fahrgeräusch auftritt, sehen Sie sofort nach! Ziehen Sie lockere Schrauben fest, bevor diese verloren gehen oder gar ein Schaden auftritt.

Für die folgenden Aufgaben müssen Sie handwerklich schon ein wenig erfahrener sein. Lassen sie diese Arbeiten – wenn Sie unsicher sind – lieber von einem Fachbetrieb durchführen oder fragen Sie jemanden, der schon einige Routine bei Reparaturen besitzt.

Kette wechseln

Bei Fahrrädern mit Kettenschaltung sollte die Kette etwa alle 2 000 Kilometer gewechselt werden! Je nach Art des Fahrstils kann dies auch früher notwendig sein. Je kräftiger Sie treten und je höher die Zahl der Gänge ist, desto früher muss die Kette gewechselt werden. Bei Fahrrädern mit Nabenschaltung kann eine Kette auch mehr als 10 000 Kilometer halten.

Antriebskomponenten wechseln

Bei Fahrrädern mit Nabenschaltung ist dies im Allgemeinen nicht sinnvoll, da der Austausch den Restwert des Fahrrads meist deutlich übersteigt. Nabenschaltungen sind auf Lebensdauer ausgelegt. Bei Rädern mit Kettenschaltung sollten Sie die Ritzel – das sind die Zahnräder hinten am Rad – etwa jeden zweiten bis vierten Kettenwechsel mit austauschen, ebenso das Schaltwerk – das Bauteil, das die Kette auf die verschiedenen Ritzel umschaltet. Deutlicher Hinweis auf einen notwendigen Ritzelwechsel ist, wenn die Kette trotz richtiger Einstellung der Schaltung „überspringt", das heißt, nicht mehr auf dem Ritzel greift. Wenn dies geschieht, treten Sie kurz ins Leere.

Felgen prüfen

Wenn Sie ein Fahrrad mit Felgenbremse haben, verschleißen nicht nur die Bremsgummis, sondern auch die Felgen. Sie werden dünner, irgendwann können sie sogar brechen! Das ist natürlich sehr gefährlich. An guten Felgen befinden sich so genannte Verschleißindikatoren. Daran können Sie erkennen, ob eine Felge schon zu dünn ist und ausgewechselt werden muss. Fragen Sie im Zweifelsfall einen Fachmann. Statt nur die Felge auszutauschen, ist es heute üblich, das ganze Rad zu erneuern. Die Kosten für das Aus- und wieder

Einspeichen einer Felge sind meist höher als ein neues Rad aus Felge, Speichen und Nabe.

Werkzeug und Ersatzteile

Achten Sie beim Kauf von Werkzeug auf Qualität. Billigware aus dem Baumarkt oder Discounter mag auf den ersten Blick zwar als Schnäppchen daherkommen, entpuppt sich im Gebrauch aber häufig als untauglich. Zum Beispiel können minderwertige Schraubenschlüssel Muttern nicht richtig packen. Als Folge rutschen Sie mit dem Schlüssel ab und verletzen sich oder drehen die Mutter rund, sodass Sie diese gar nicht mehr mit dem Schraubenschlüssel greifen können. Besonders ungeeignet sind so genannte Blechschlüssel, die für mehrere Schraubengrößen geeignet sein sollen. Auch die beliebten „Knochen" mit mehreren Sechskantaussparungen sind oft schwer anzusetzen, da der klobige Kopf stört. Zudem brechen solche Knochen gern ab. Bei den so genannten Multifunktions-Werkzeugen gibt es zwar durchaus hochwertige Qualitäten, in der Praxis aber stößt man damit dennoch recht schnell an Grenzen. Häufig sind zum Beispiel die Hebelarme von Schraubenschlüsseln so klein, dass Sie fest sitzende Muttern damit nur schlecht lösen können. Sparen Sie also nicht an der falschen Stelle und investieren Sie in Markenwerkzeug. Hier ein Überblick über die wichtigsten Werkzeuge und Ersatzteile, die Sie benötigen, um Reparatur- und Wartungsarbeiten am Fahrrad selbst ausführen zu können.

Werkzeug und Ersatzteile für Tagestouren

■ Mini-Luftpumpe: Teleskop-Pumpe oder Pumpe, die sowohl beim Zusammenschieben als auch beim Auseinanderziehen Luft pumpt; achten Sie auf den richtigen Ventilkopf; ein Manometer (Luftdruckmesser) ist dabei vorteilhaft, aber kein Muss.

■ Flickzeug: Schleifpapier, Flicken verschiedener Größen, Gummilösung.

■ gegebenenfalls Ersatzventile – nur falls so genannte Dunlopventile am Fahrrad verwendet werden.

■ Reifenheber aus stabilem Kunststoff mit Einhängenut.

■ Ersatzschlauch: Achten Sie beim Kauf auf richtige Größe, Ventilart und Ventilschaftlänge.

■ Rollgabelschlüssel oder ein Satz Maulschlüssel: passende Größen für das Fahrrad sind meist die Größen 8, 9, 10, 12 und 15.

■ ein Satz Innensechskantschlüssel – auch als Inbusschlüssel bekannt: passende Größen fürs Fahrrad – meist 3, 4, 5, 6.

■ Ersatzbirnchen.

■ „Universalheilmittel": Bindfaden, Draht, Klebeband, Kabelbinder aus dem Elektronik-Fachhandel oder Baumarkt.

■ Putzlappen.

■ einige Schrauben, Muttern, Unterlegscheiben: passende Größen fürs Fahrrad.

■ gegebenenfalls eine Taschenlampe für eventuelle nächtliche Reparaturen!

Werkzeug und Ersatzteile für längere Touren

Folgendes sollten Sie zusätzlich parat halten:

- Rohrzange und/oder Spitzzange
- Schere oder Messer
- kompletter Satz Maulschlüssel: Größen 8 bis 15, selten auch 16/17 erforderlich
- Schlitzschraubendreher (nur erforderliche Größen)
- Kreuzschlitzschraubendreher (nur erforderliche Größen)
- Konusschlüssel, der für Achskonen der Radlager passt
- Speichennippeldreher
- Seitenschneider – falls kein anderes Werkzeug zum Abschneiden von Drähten vorhanden
- für Räder mit Kettenschaltung: Kettennietendrücker
- für Räder mit Nabenschaltung: Kettenschloss
- Öl: umfüllen zum Beispiel in kleines Kunststoff-Nasentropfenfläschchen
- passende Ersatzzüge für Schaltung(en) und Bremse(n)
- Klemmschrauben für Schalt- und Bremszüge
- gegebenenfalls zweiter Ersatzschlauch, Ersatzreifen (zum Beispiel Faltreifen)

Werkzeug für zu Hause

Zusätzlich zu den bisher genannten Werkzeugen und Ersatzteilen sollte ihr Werkzeugkoffer zu Hause folgende Bestandteile enthalten:

- Hammer
- Kombizange

- guter Seitenschneider
- Glühbirnenfassung für Taschenlampenbirnchen (Fassung E10)
- Spannungsquelle, zum Beispiel ein Spannungsmesser oder ein Durchgangsprüfer
- Elektrokabel
- Abisolierzange (oder ein Messer)
- Fett
- Reinigungsbenzin
- Papiertücher, Küchenkrepp oder Ähnliches

Häufig benötigte Ersatzteile

Die folgenden Ersatzteile benötigen Sie recht häufig, wenn Sie Fahrradreparaturen auszuführen haben. Es empfiehlt

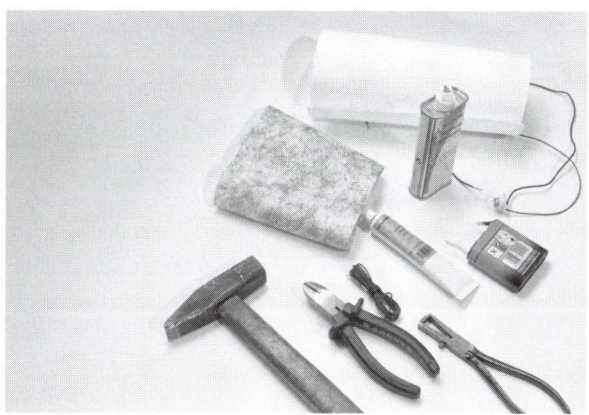

sich deshalb, diese stets im Haus zu haben, damit sie im Notfall schnell bei der Hand sind:

- Schleifpapier
- Flicken und Gummilösung
- Schlauch
- Ventil
- Ersatzbirnen für Rücklicht und Scheinwerfer
- Elektrokabel
- Bowdenzughülle
- Seilzüge für Bremsen und Schaltungen
- Bremsschuhe
- Kabelbinder
- Schrauben und Muttern
- Unterlegscheiben
- Zahnscheiben
- nur für manche Nabenschaltungen: Schaltungskettchen
- nur für ganz alte Räder: Kurbelkeil

Mit diesen Werkzeugen und Ersatzteilen sind Sie sowohl für Reparaturen unterwegs als auch für solche, die Sie bei sich zu Hause ausführen, gut gerüstet.

Tipp: Am wenigsten reparaturbedürftig ist Ihr Fahrrad, wenn Sie es vor Wettereinflüssen geschützt, etwa in einer Garage, abstellen. Wenn Sie Ihr Fahrrad im Freien abstellen müssen, können Sie eine spezielle Plastikplane (Fahrradgarage) über das Fahrrad ziehen. So ist es in der unbenutzten Zeit vor Umwelteinflüssen besser geschützt.

Schneller Fahrrad-Check

Insbesondere, wenn Sie Ihr Fahrrad länger nicht benutzt haben, ist vor dem Start ein schneller Check sinnvoll, damit Sie nicht bereits nach wenigen Kilometern mit einer Panne liegen bleiben. Auch für den Fall, dass Ihr Rad ungewohnte Fahreigenschaften aufweist oder Sie seltsame Geräusche bei der Fahrt bemerken, leistet dieser Schnell-Check Ihnen gute Dienste.

Optischer und akustischer Check

- Ist am Rad alles vorhanden? Sehen Scheinwerfer, Dynamo, Rücklicht, Reflektoren, Klingel, Schutzbleche und Gepäckträger in Ordnung aus?
- Ist etwas am Rad schief oder verbogen? Zum Beispiel die Schutzblechstreben – die „Haltestangen" für die Schutzbleche –, der Lenker – ist er eventuell verbogen durch einen schweren Sturz? –, alle Rahmenrohre – manche Rahmen haben absichtlich scheinbar merkwürdig geformte Rohre.
- Ist das Reifenprofil noch ausreichend?

Falltest

- Heben Sie das Fahrrad etwa 30 cm hoch und lassen Sie es dann auf die Räder fallen. Wo scheppert es? Die Kette darf als einziges Element ein wenig schlackern, alles andere sollte fest sitzen.

Reifen und Räder

Prüfen Sie den Reifenluftdruck, entweder mit einem Daumendruck oder mit dem Manometer der Luftpumpe.

- Heben Sie das Fahrrad an, drehen Sie dann die Räder vorn und hinten nacheinander mit der Hand, laufen sie leicht und rund? Beobachten Sie den Abstand zwischen Felge und Rahmen, dieser Abstand sollte auf unter 1 mm gleich bleiben. Der Reifen sitzt weniger mittig, sodass er immer ein wenig „Schlag" hat.
- Fassen Sie jedes Rad oben an der Felge an, halten Sie das Fahrrad gut fest und drücken Sie dann die Felge seitlich. Spüren Sie Spiel? Die Felge darf sich seitlich nur wenige Millimeter bewegen.

Bremsen

- Ziehen Sie beim Fahren die Handbremsen nacheinander langsam an. Sie dürfen sich nicht bis zum Lenker durchziehen lassen.
- Kontrollieren Sie bei Felgenbremsen die Bremsbeläge. Die Beläge sollten noch Profil aufweisen, richtig ausgerichtet sein (siehe „Bremsen" ab Seite 81).
- Ziehen Sie beim Fahren die Handbremse(n) langsam an, die Bremswirkung sollte allmählich und nicht zu plötzlich einsetzen. Die Bremsen sollten auch nicht quietschen. Bei starker Betätigung sollten Sie die Räder auf trockenem Asphalt gerade blockieren können. Vorsicht, es besteht Sturzgefahr, testen Sie nur bei niedriger Geschwindigkeit!

- Wenn Ihr Fahrrad eine Rücktrittbremse hat, treten Sie beim Fahren langsam nach hinten. Die Bremswirkung sollte gut dosierbar sein, die Bremse nicht blockieren.

Lichttest

- Schalten Sie den Dynamo ein bzw. bei modernen Zweirädern den Lichtschalter. Heben Sie das Rad mit dem Dynamo – bei Seitendynamos sollte dieser hinten montiert sein, bei Nabendynamos vorn – (siehe „Beleuchtung" ab Seite 110) an und drehen Sie das Rad von Hand. Leuchten Scheinwerfer und Rücklicht? Dreht sich das Rad trotz Dynamo noch relativ leicht und dauert es eine Weile, bis es zum Stillstand kommt?

Antrieb

- Prüfen Sie zunächst den Sitz der Kette: Bei Rädern mit Nabenschaltung (Ausnahme: Rohloff mit Kettenspanner) sollte die Kette straff sitzen, das heißt, wenn Sie mittig zwischen Kettenblatt und Ritzel – das sind die beiden „Zahnräder" – von unten die Kette anheben, sollte sie etwa 1 bis 2 cm Luft haben. Bei Fahrrädern mit Kettenschaltung darf die Kette bei keinem Gang durchhängen.
- Lassen sich alle Gänge problemlos schalten?

Hinweis: Mit den beschriebenen Tests können Sie natürlich nicht alle möglichen Fehler entdecken. Sie liefern Ihnen aber Anhaltspunkte für die häufigsten Schäden.

Fehlersuche

Bei der Reparatur eines Fahrrads verhält es sich ähnlich wie bei einem Arztbesuch: Eine gute Diagnose bildet die Grundlage für die spätere erfolgreiche Behandlung bzw. Reparatur. In diesem Kapitel werden zunächst einmal die häufigsten Fehler und Defekte, die an Zweirädern auftreten können, vorgestellt. Anschließend erfahren Sie, wie Sie diese – auch als Laie – selbst erkennen können. Mit den Reparaturen für die verschiedenen Fahrradteile beschäftigen sich die folgenden Kapitel.

Allgemeine Fehler

Nicht immer ist ein Defekt oder Fehler offensichtlich. Ist zum Beispiel das Fahrgefühl schwammig oder lässt sich das Rad nur schwer lenken, spricht man von allgemeinen Fehlern. Diese kommen sehr häufig vor.

Ungewöhnlich schweres Fahren
Prüfen Sie, ob der Reifenluftdruck noch stimmt und pumpen Sie gegebenenfalls nach. Achten Sie auf die richtige Luftpumpe und den richtigen Druck. Mehr dazu erfahren Sie im Kapitel „Reifen und Räder" (siehe Seite 55 ff.).

Schleift der Reifen irgendwo an Rahmen oder Schutzblech? Falls dies der Fall ist, sitzt vielleicht das Rad schief, möglicherweise, weil eine Achsmutter nicht richtig festgezogen wurde. Richten Sie das Rad nicht nach den Bremsschuhen aus, sondern nach dem Rahmen, denn auch die Bremsen könnten schief montiert sein. Die Räder müssen mittig zwischen den Rahmenrohren sitzen.

Schleifen die (Felgen-)Bremsen irgendwo? Falls ja, müssen diese justiert werden. Wie das geht, erfahren Sie im Kapitel „Bremsen" (siehe Seite 81 ff.).

Möglicherweise hat sich etwas zwischen Rahmen und Reifen oder Schutzblech und Reifen verfangen oder um die Radnabe gewickelt. Lange Grashalme machen das gern. Entfernen Sie solche Hindernisse.

Liegt der Fehler vielleicht im Antrieb? Testen Sie, ob es sich nur schwer tritt oder ob das Fahrrad auch schlecht rollt. Wenn es gut rollt, suchen Sie den Fehler im Antrieb. Ist die Kette noch gut geölt? Eine trockene Kette schluckt bis zu 30 Prozent ihrer Leistung!

Letztendlich kann es auch einfach nur am schlechten Untergrund liegen. Einige Oberflächen scheinen regelrecht zu kleben, das ist vor allem bei so genannten wassergebundenen Decken, wenn sie nass sind, der Fall. Auf einigermaßen sauberen ebenen Asphalt sollte Ihr Fahrrad dann aber wieder wie gewohnt laufen.

Schwammiges Fahrgefühl
Dieses Fahrverhalten kann an einem zu niedrigen Reifenluftdruck liegen. Prüfen Sie, ob der Reifenluftdruck noch stimmt und pumpen Sie gegebenenfalls nach. Mehr dazu erfahren Sie im Kapitel „Reifen und Räder" ab Seite 55.

Laufen die Räder rund? Kontrollieren Sie, ob die Felge eine Acht hat, also seitliche Beulen aufweist, und der Reifen richtig aufgezogen ist. Mehr zur Fehlerbehebung steht im Kapitel „Reifen und Räder".

Haben die Radachsen zu viel Spiel? Testen Sie jedes Rad, indem Sie es mit einer Hand oben an der Felge anfassen und diese dann kräftig zur Seite drücken. Die Felge darf sich seitlich nur wenige Millimeter wegdrücken lassen. Ansonsten müssen die Lager neu eingestellt werden. Wie das geht, erfahren Sie im Kapitel „Reifen und Räder".

Hat das Lenkkopflager zu viel Spiel? Das Lenkkopflager ist das Lager, das die Gabel im Rahmen drehen lässt. Testen Sie das Lagerspiel, indem Sie das Fahrrad am Rahmen gut festhalten, dann mit der anderen Hand fest knapp unterhalb des Lenkkopflagers an beide Gabelrohre anfassen – am besten zwischen den Speichen durch – und kräftig seitlich drücken. Genauso verfahren Sie am oberen Ende. Hierzu nehmen Sie statt der Gabelrohre den Lenkerschaft in die Hand. An beiden Stellen sollte kein Spiel spürbar sein, der Lenker sollte sich lediglich drehen lassen. Wie Sie das Lager einstellen können, erfahren Sie im Kapitel „Rahmen, Sattel & Co." (siehe ab Seite 163).

Selten ist ein Rahmenbruch die Ursache für schwammiges Fahrgefühl. Sehen Sie sich den Rahmen genau an und prüfen Sie vor allem alle Nahtstellen. Belasten Sie das Fahrrad, indem Sie mit Kraft auf den Sattel und den Lenker drücken, üben Sie auch seitlich Druck aus. Drücken Sie mit einem Fuß auf dem Pedalarm seitlich auf das Tretlager. Haben Sie den Eindruck, dass sich der Rahmen irgendwo ungewöhnlich stark verbiegt? Sehen Sie sich diese Stellen genau an. Wenn tatsächlich der Rahmen gebrochen ist, bedeutet dies in der Regel einen Totalschaden. Nur bei sehr hochwertigen Rahmen lohnt eine Reparatur.

Ebenfalls selten sind Achsbrüche. Testen Sie dies, indem Sie das Rad ausbauen. Ziehen Sie auf beiden Seiten an der Radachse. Wenn Sie die Achse dann in zwei Stücken in den Händen halten, ist sie gebrochen und muss ersetzt werden.

Schweres Lenken
Haben Sie den Eindruck, dass Lenkbewegungen schwer gehen, prüfen Sie zuerst wieder den Reifenluftdruck des Vorderrads. Pumpen Sie gegebenenfalls mehr Luft in den Reifen.

Haben Sie Gepäcktaschen an so genannten Lowridern, das sind an der Gabel befestigte Halterungen für Gepäcktaschen, angebracht und prall gefüllt? Packen Sie um, indem Sie einen Teil des Gepäcks nach hinten verstauen. Zu viel Gewicht in Vorderradgepäcktaschen verschlechtert das Lenkverhalten. Das gilt auch für Körbe, die vor dem Lenker angebracht sind. Auch Kindersitze, die vorn befestigt sind, beeinflussen das Lenkverhalten negativ.

Wenn das alles nicht die Ursache ist, kommt noch das Lenkkopflager in Frage. Testen Sie das Lager, indem Sie das Fahrrad vorn hochheben und den Lenker drehen. Er muss sich leicht und ohne Widerstand drehen lassen. Spiel sollte das Lager aber auf keinen Fall haben. Bei einigen Fahrrädern ist eine Feder zwischen Lenkerschaft und Rahmen so angebracht, dass der Lenker nicht von selbst zur Seite kippen kann. Testen Sie möglichst ohne diese Feder.

Der Reifen verliert Luft
Ein plötzlicher Luftverlust lässt auf ein Loch im Reifen schließen. Auf Seite 55 ff. können Sie nachlesen, wie Sie das Loch finden und reparieren können.

Die Gründe für einen langsamen Luftverlust sind etwas schwieriger festzumachen. Ein geringer Luftverlust aus den Schläuchen ist normal. Manchmal ist aber auch ein sehr kleines Loch die Ursache. Wie Sie dieses finden und flicken können, ist ebenfalls im Kapitel „Reifen und Räder" beschrieben.

Defekte Ventile als Ursache für platte Reifen sind heutzutage recht unwahrscheinlich. Testen Sie trotzdem die Ventile, wie im Kapitel „Reifen und Räder" beschrieben. Reifenpannen sind seltener, wenn Sie hochwertige Reifen fahren und diese mit genügend Luftdruck aufpumpen. Zu niedriger Luftdruck begünstigt die Bildung von Löchern in Schläuchen.

Eine „Acht" im Rad
Wenn Ihr Rad seitwärts eiert, muss das nicht unbedingt an einer Acht in der Felge, sondern kann auch am Reifen liegen. Die Ursache können Sie feststellen, indem Sie das Fahrrad hochheben und das Rad von Hand drehen. Kontrollieren Sie zuerst den Abstand zwischen Felge und Rahmen.

Wenn das nicht der Fall ist, könnte die Felge beschädigt sein. Eiert es hier? Dann muss das Rad zentriert werden. Möglicherweise ist auch eine Speiche gerissen. Wie Sie derartige Schäden beheben, wird Ihnen im Kapitel „Reifen und Räder" gezeigt. Läuft die Felge ordentlich rund, ist vermutlich der Reifen schlecht montiert. Drehen Sie das Rad von Hand und beobachten Sie den Abstand zwischen Reifen und Fahrradrahmen.

Je nach Reifendicke sollte das Rad nicht mehr als wenige Millimeter eiern. Je breiter der Reifen ist, desto ungenauer läuft er. Zentrieren Sie daher gegebenenfalls den Reifen wie im Kapitel „Reifen und Räder" (siehe Seite 55 ff.) beschrieben.

Unrundes Tretgefühl

Wenn Sie das Gefühl haben, die Pedale drehen nicht mehr rund, ist häufig die Pedalachse verbogen. Sehen Sie sich das Pedal genau an. Steht es senkrecht von der Tretkurbel ab? Manchmal ist auch ein ausgeleiertes Pedallager schuld. Testen Sie das gleich mit: Prüfen Sie, ob die Pedale zwar leichtgängig, aber spielfrei drehen, indem Sie diese mit der Hand drehen. Je älter Pedale sind, desto mehr Spiel haben sie. Bei starkem Spiel kann ein unrundes Tretgefühl auftreten, dann sollten Sie die Pedale auswechseln.

Eventuell kann auch ein ausgeschlagenes Tretlager die Ursache sein. Testen Sie, ob das Tretlager noch spielfrei läuft, indem Sie die Tretkurbeln seitlich drücken. Spüren Sie Spiel oder wackelt es hin und her, muss das Lager entweder ausgetauscht oder eingestellt werden (siehe Seite 133 ff.).

Fehler beim Antrieb

Woran es liegen kann, wenn der Antrieb des Fahrrads gestört ist? Die möglichen Fehlerquellen im Überblick finden Sie hier.

Es tritt sich komisch oder knackt?

Die Ursache dafür könnte eine lockere Tretkurbel sein. Bei ganz alten Fahrrädern wird diese noch mit einem Keil, dem so genannten Kurbelkeil, auf der Tretlagerachse fixiert. Diese altmodische Befestigungsart war ständiger Anlass für Ärger, weil die Klemmung unzureichend war und sich deshalb immer wieder von selbst lockerte. Heutzutage werden Tretkurbeln mit Vierkantloch verwendet. Beide Befestigungsarten können sich lockern. Ein derartiger Defekt muss schnellstens behoben werden. Warten Sie damit zu lange, schlagen die Komponenten aus und ein Austausch ist erforderlich. Sehen Sie im Kapitel „Antrieb" (siehe Seite 133 ff.) nach, was zu tun ist.

Eine weitere Ursache könnte ein Defekt an den Pedalen sein. Prüfen Sie, ob sich die Pedale leicht drehen lassen. Neue Pedale drehen deutlich schwerer, laufen meist kaum nach, wenn man sie los lässt, sie dürfen aber auch nicht klemmen. Die Pedale sollten nur wenig Spiel haben. Ist es zu groß, müssen sie ausgetauscht werden. Einstellen ist heute unüblich, meist gar nicht mehr möglich.

Ist das Tretlager verschlissen oder locker, kann dies ebenfalls zu den genannten Problemen führen. Testen Sie das Lager, indem Sie die Tretkurbeln anfassen und seitlich drücken. Spüren Sie Spiel oder schlackert es regelrecht, muss das Lager entweder ausgetauscht oder eingestellt werden. Letzteres ist heute unüblich, meist handelt es sich um so genannte Industrielager, die nicht einstellbar sind.

Ist die Kette arg verschlissen, kann sie beim Treten überspringen, das bedeutet, dass die Kettenglieder nicht mehr gleich in die Zähne des Ritzels eingreifen, sondern darüber hinwegrutschen. Im Kapitel „Antrieb" wird beschrieben, was Sie in einem solchen Fall tun können. Ähnlich verhält es sich auch bei verschlissenen Ritzel(n).

Knackt es beim Treten rhythmisch, kann ein Defekt an der Kette die Ursache sein. Insbesondere das Kettenschloss – das gilt sowohl bei Nabenschaltung als auch bei manchen Kettenschaltungen – kommt hier als Verursacher in Frage. Sehen Sie sich die Kette genau an. Dabei ist es wichtig, dass Sie jedes Glied einzeln in Augenschein nehmen. Die Glieder sollten – abgesehen vom Kettenschloss – paarweise immer gleich aussehen. Haben Sie so das Kettenschloss gefunden, sehen Sie nach, ob es verbogen oder sogar eine Seite offen ist. Manchmal reißt nur die Lasche auf einer Seite der Kette. Dies ist normalerweise ein Hinweis darauf, dass die Kette verschlissen ist. Tauschen Sie die Kette aus (mehr dazu finden Sie im Kapitel „Antrieb". Falls das Kettenschloss defekt ist, können Sie eventuell ein neues kaufen und einsetzen. Achten Sie beim Kauf darauf, dass es verschiedene, nicht kompatible Modelle bei Kettenschaltungen gibt. Manchmal verlieren Sie einfach ein Kettenschloss, weil es sich selbst durch Reibung an der Seite geöffnet hat. Fahren Sie mit defekter Kette auf keinen Fall weiter. Es besteht die Gefahr, dass die Kette reißt und Zerstörungen an Ritzel, Schaltwerk oder Kettenblättern verursacht.

Die Kette rutscht von den Kettenrädern
Prüfen Sie in diesem Fall zunächst, ob das Hinterrad mittig sitzt und korrigieren Sie dies gegebenenfalls.

Bei Fahrrädern mit Nabenschaltung stimmt häufig die Kettenspannung nicht. Spannen Sie die Kette, wie im Kapitel „Antrieb" (siehe Seite 133 ff.) erklärt. Das ist besonders wichtig, wenn Ihr Fahrrad über eine Rücktrittbremse verfügt: Springt die Kette in dem Moment ab, in dem Sie bremsen müssen, fällt die Bremse aus.

Bei Fahrrädern mit Kettenschaltung stimmen meist die Einstellungen der Schaltung nicht mehr. Insbesondere die Endanschläge von Schaltwerk bzw. Umwerfer sind für solche Störungen anfällig. Sehen Sie im Kapitel „Antrieb" (siehe Seite 133 ff.) nach, wie sie die Einstellungen korrigieren müssen.

Eventuell ist aber auch die Kette verschlissen und muss ausgetauscht werden.

Die Kette greift nicht richtig oder springt über
Wenn die Kette keinen richtigen Halt mehr auf den Zahnrädern findet, ist sie möglicherweise sehr stark verschmutzt oder zu trocken. Reinigen Sie in diesem Fall die Kette und

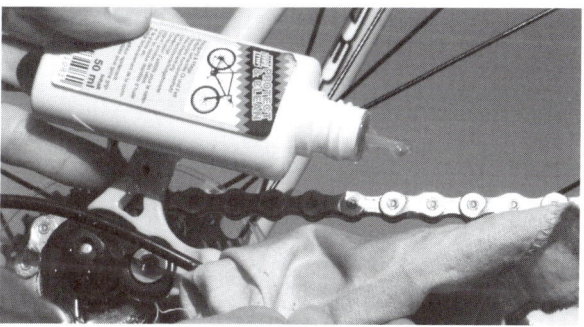

auch die Kettenblätter und Ritzel und ölen sie alle Komponenten.

Hilft auch das nicht, ist die Kette wahrscheinlich verschlissen. Um dies nachzumessen, gibt es spezielle Messlehren, die aber recht teuer sind. Für einen groben Test fassen Sie die Kette an dem nach vorn weisenden Teil des Kettenblattes an und ziehen die Kette vom Kettenblatt senkrecht weg. Die Kette darf sich höchstens wenige Millimeter wegziehen lassen. Ist die Kette verschlissen, muss sie wie im Kapitel „Antrieb" (siehe Seite 133 ff.) beschrieben, ausgetauscht werden. Möglicherweise sind dann auch ein neues Ritzelpaket und neue Kettenblätter erforderlich. Ein Besuch in einer Fahrradwerkstatt ist hier auf jeden Fall ratsam.

Auch eine neue Kette kann durchrutschen. Das ist der Fall, wenn die Ritzel verschlissen sind. Dann hilft auch nur noch das Austauschen der Ritzel.

Nabenschaltungsgänge lassen sich nicht richtig einlegen
Moderne Nabenschaltungen sind nahezu wartungsfrei. Einstellmöglichkeiten sind nicht vorgesehen. Allerdings kann eine Beschädigung, zum Beispiel ein Knick des Schaltzuges bzw. der Schaltzughülle die Funktion beeinträchtigen. In diesem Fall muss meist die gesamte Einheit aus Schalthebel und Zug ausgetauscht werden. Sehen Sie im Kapitel „Antrieb" (siehe Seite 133 ff.) nach, wie diese Reparatur durchgeführt wird.

Bei einigen, vor allem älteren Modellen, können Schaltzüge und Schaltzughüllen separat gewechselt werden. Häufig sind auch so genannte Gegenlager vorhanden. Sie befinden sich dort, wo die Hülle anfängt oder aufhört. Sind diese Gegenlager nicht fest angeschraubt, können sie sich verschieben und die Funktion der Schaltung beeinträchtigen. Auch ein Knick oder der Riss einer Seele eines Schaltzuges kann zu Problemen der genannten Art führen. Ab Seite 133 wird beschrieben, wie diese Schaltzüge und Schaltzughüllen gewechselt werden und diese Schaltungen eingestellt werden können.

Kettenschaltungsgänge lassen sich nicht richtig einlegen

Wenn sich die Gänge Ihrer Kettenschaltung nicht richtig einlegen lassen, kann das viele Ursachen haben. An erster Stelle sind hier falsche Einstellungen zu nennen. Sehen Sie im Kapitel „Antrieb" (siehe Seite 133 ff.) nach, wie die Schaltung richtig eingestellt wird. Wenn das nicht hilft, kommen die folgenden Ursachen in Frage:

Der Schaltzug und/oder die Schaltzughülle sind rostig. Sehen Sie sich den Schaltzug und die Hülle gründlich an. Meist erkennen Sie Rostbildung schon mit bloßem Auge. Kritisch sind hierbei vor allem alle Übergangsstellen, an denen eine Hülle endet bzw. anfängt. Tauschen Sie in diesem Fall sowohl den Seilzug als auch die Bowdenzughülle aus. Die notwendigen Arbeiten sind ab Seite 133 beschrieben.

Der Schaltzug und/oder die Schaltzughülle sind beschädigt, haben zum Beispiel einen Knick. Auch kann eine Seele des Schaltzuges gerissen sein. Suchen Sie solche Fehler ebenfalls durch genaues Ansehen. Tauschen Sie das beschädigte Teil aus (siehe Seite 133 ff.).

Der Schaltzug hat zu viel Reibung an der Schaltzughülle. Dies kann der Fall sein, wenn der Zug ungünstig verlegt ist, aber auch, wenn die Schmierung nicht stimmt oder verharzt ist. Nach längerem Gebrauch kann auch die Innenseite der Schaltzughülle, die oft mit einem gleitenden Kunststoff beschichtet ist, oder der Seilzug, der manchmal ebenfalls mit einem gleitenden Kunststoff überzogen ist, verschlissen sein. Sie können dies überprüfen, indem Sie den Zug am Schaltwerk abklemmen – nicht abschneiden, sonst können Sie ihn nicht weiter verwenden – und den zugehörigen Schalter betätigen. Ziehen Sie dabei gleichzeitig mit der Hand am abgeklemmten Ende. Lässt sich der Zug leicht bewegen? Falls nicht, sollten Sie den Zug und eventuell auch die Zughülle austauschen.

Möglicherweise ist das Schaltwerk oder die Schaltwerksbefestigung am Rahmen (Schaltwerkauge) verbogen. Auch kann der Rahmen in diesem Bereich selbst verbogen sein. Schalten Sie zur Überprüfung die Kette auf das mittlere Kettenblatt und das mittlere Ritzel. Hocken Sie sich dann hinter das möglichst rechtwinklig zum Boden stehende Fahrrad – bitten Sie am besten jemanden, das Fahrrad zu halten –, und zwar genau in einer Linie mit der Kette. Jetzt müsste das Schaltwerk ebenfalls in dieser Ebene ausgerichtet sein. Das obere und das untere Umlenkröllchen müssen genau übereinander stehen. Wenn das nicht der Fall sein sollte und das Schaltwerk verbogen ist, muss es ausgetauscht werden.

Fehler der Bremsen

Nun stehen die möglichen Fehlerquellen bei Bremsen im Mittelpunkt. Was kann dahinterstecken, wenn die Bremse merkwürdige Geräusche macht, zu schwach ist oder die Felgenbremse schleift?

Die Bremse quietscht

Bei Felgenbremsen kann dies verschiedene Ursachen haben, denen manchmal nur schwer auf die Spur zu kommen ist. Sehen Sie sich den Sitz der Felgenbremsschuhe zur Felge an. Der Bremsschuh sollte parallel zur Felge ausgerichtet sein, aber mit einem leichten Winkel in Laufrichtung des Rades, sodass der Bremsschuh mit seiner Vorderseite beim Bremsen zuerst an die Felge gedrückt wird. Sehen Sie im Kapitel „Bremsen" (ab Seite 81) nach, wie Sie die Bremsschuhe einstellen. Eventuell sind auch nicht ausreichend geschmierte Lager der Bremscantilever die Ursache.

Bei quietschenden Rücktrittbremsen fehlt meistens das Schmiermittel im Bremszylinder. Das ist überaus gefährlich, weil die Bremse dann irgendwann blockieren kann. Wenden Sie sich bei diesem Problem an einen Fachmann.

Quietschende Scheibenbremsen oder Trommelbremsen sind leider ein häufig nicht lösbares Problem. Die Ursachen sind vielfältig und in einer mangelhaften Konstruktion zu suchen.

Die Bremswirkung ist zu stark oder zu schwach

Bei Rücktrittbremsen ist eine zu starke Bremswirkung meist auf fehlendes Fett im Bremszylinder zurückzuführen. Moderne Felgenbremsen haben häufig eine sehr starke Bremswirkung, die bis zum Blockieren des Rades führen kann. Insbesondere im Vorderrad besteht dadurch die Gefahr eines Überschlags. Wie Sie die Bremse richtig einstellen können, lesen Sie bitte im Kapitel „Bremsen" (ab Seite 81) nach.

Häufiger als eine zu starke ist eine zu schwache Bremswirkung. Tritt dies bei Felgenbremsen nur bei Nässe auf, sollten Sie die Bremsschuhe wechseln. Achten Sie darauf, dass der neue Bremsschuh sowohl für das Material der Felge geeignet ist als auch zur Bremse passt. Ist die Bremswirkung grundsätzlich zu gering, ist eventuell der Bremsschuh verschlissen. In Grenzen können Sie das nachstellen. Ansonsten muss der Bremsschuh ausgetauscht werden. Im Kapitel „Bremsen" (siehe Seite 81 ff.) werden die notwendigen Arbeiten beschrieben.

Wenn Sie die Handbremshebel bis zum Lenker durchziehen können, muss meist die Bremse nachgestellt werden. Die notwendigen Arbeiten sind im Kapitel „Bremsen" (ab Seite 81) beschrieben.

Die Handbremse ist schwergängig

Dies ist ein häufiger Fehler, dessen Ursache meist aus einer Kombination aus mehreren Fehlern besteht.

Der Seilzug und/oder die Bowdenzughülle sind rostig. Tauschen Sie in diesem Fall sowohl den Seilzug als auch die Zughülle aus. Die notwendigen Arbeiten werden im Kapitel „Bremsen" beschrieben.

Ein Knick in Seilzug und/oder Bowdenzughülle kann ebenfalls ursächlich für Schwergängigkeit sein. Am besten tauschen Sie auch in diesem Fall Seilzug und Zughülle aus.

Eine ungünstige Verlegung oder zu lange oder zu kurze Züge können Gründe für Schwergängigkeit sein.

Schließlich kann noch das Schmiermittel verhärtet sein. Meist ist die Erneuerung der Züge erforderlich; sehen Sie auf Seite 81 ff. wie Sie vorgehen müssen.

Eventuell ist auch der Handbremshebel selbst ein wenig schwergängig. Hier hilft vielleicht ein Tropfen Öl an die Gelenke.

Die Felgenbremse schleift

Bremsschuhe können einseitig oder beidseitig entweder am Reifen schleifen oder an der Felge. Kontrollieren Sie den Sitz der Bremsschuhe und stellen Sie diese gegebenenfalls ein (siehe ab Seite 81). Wenn ein Bremsschuh länger am Reifen schleift, kann dieser beschädigt werden!

Ist die Bremse richtig eingestellt, können auch eine Acht in der Felge oder ein nicht korrekt montierter Reifen Ursache sein. Eine Felge sollte nur wenige Zehntel Millimeter Schlag haben. Falls Ihre Felge eine größere Auslenkung hat, müssen Sie sie zentrieren. Auch die Reifen können einen Schlag haben. Wie sie den Reifen ausrichten und die Felge zentrieren, erfahren Sie im Kapitel „Reifen und Räder" (ab Seite 55). Möglicherweise ist aber auch einfach nur das Rad schief eingebaut. Sehen Sie sich das Rad genau an und überprüfen Sie den Abstand zum Rahmen. Wenn es hier nicht stimmt, korrigieren sie den Sitz gemäß der Anweisung im Kapitel „Reifen und Räder".

Fehler an der Beleuchtung

Damit Sie sicher durch den Straßenverkehr radeln können, muss die Beleuchtung hundertprozentig in Ordnung sein. Was dahinterstecken kann, wenn etwa das Licht flackert oder zu dunkel ist, lesen Sie hier.

Der Dynamo jault, das Licht leuchtet nur pulsierend

Das ist ein häufiges Problem, bei dem der Dynamo auf den Reifen rutscht. Manchmal tritt es nur bei Nässe oder Schnee auf. Meist liegt es an einem minderwertigen Seitendynamo. Kontrollieren Sie, ob der Dynamo richtig ausgerichtet ist und die Andruckkraft ausreichend ist. Mehr darüber erfahren Sie im Kapitel „Beleuchtung" (siehe Seite 110 ff.).

Ist die Dynamo-Reibrolle verschlissen? Bei einigen Dynamos kann diese ausgetauscht werden, ansonsten ist ein neuer Dynamo fällig.

Aber auch ein zu alter Reifen oder Verschleiß im Bereich der Dynamo-Auflage kann die Ursache für das Jaulen sein. Bei manchen Reifen ist der Dynamobetrieb gar nicht eingeplant, hier fehlt einfach die entsprechende Auflagefläche. Der Dynamo sollte in eingeschaltetem Zustand auf einer Riffelung an der Reifenflanke aufliegen. Fehlt diese oder ist diese verschlissen, müssen Sie den Reifen austauschen.

Rücklicht oder Scheinwerfer sind aus, das andere Licht an
Wenn ein Licht an Ihrem Fahrrad den Dienst versagt, ist meist entweder die Birne durchgebrannt oder mit der Verkabelung stimmt etwas nicht. Häufig sind auch so genannte Leiterbahnen, die in die Schutzbleche integriert sind, oder deren Anschlüsse die Ursache. Hier hilft nur das Verlegen eines zusätzlichen Kabels. Gehen Sie nach der Anleitung im Kapitel „Beleuchtung" vor, um den Fehler zu finden und zu beheben. Warten Sie mit der Fehlerbehebung nicht zu lange, weil die noch leuchtende Lampe zu viel Strom bekommt und dadurch leicht kaputt gehen kann.

Es leuchtet kein Licht, obwohl der Dynamo an ist
Wenn dieser Fehler auftritt, sind entweder beide Birnen durchgebrannt, der Dynamo ist defekt oder mit der Verkabelung stimmt etwas nicht. Bei neueren Lichtanlagen mit Nabendynamo – der Dynamo ist in der Vorderradnabe integriert, zu erkennen an einer dicken Nabe des Vorderrads – gibt es einen Lichtschalter, der erst eingeschaltet werden

muss. Häufig ist eine Automatik eingebaut, die das Licht automatisch einschaltet, wenn es zu dunkel wird. Diese verfügt ebenfalls über einen Schalter, mit dem man sie abschalten, dauerhaft aus- oder einschalten kann. Sehen Sie im Zweifelsfall in der Bedienungsanleitung nach und schalten Sie das Licht ein. Geht es dann immer noch nicht, sehen Sie im Kapitel „Beleuchtung" nach.

Das Licht ist zu dunkel

Ursache sind meist minderwertige Komponenten. Generell gilt: Hochwertige Komponenten und gute Verkabelung erhöhen sowohl die Zuverlässigkeit als auch die Lichthelligkeit. Bei älteren Fahrrädern ist manchmal noch ein Scheinwerfer mit Normalbirne zu finden. Tauschen Sie in diesem Fall den Scheinwerfer gegen ein Halogenmodell aus. Recht neu auf dem Markt sind Scheinwerfer mit Leuchtdioden. Bisher erreichen diese aber noch nicht die Helligkeit von guten Halogenscheinwerfern.

Ist das Rücklicht zu dunkel, kann ein Austausch gegen ein modernes Diodenrücklicht sinnvoll sein. Achten Sie beim Kauf auf eine Nachleuchtfunktion, möglichst ohne Batterie, mit einem so genannten hoch kapazitiven Kondensator (etwa Goldcap). Ist das Licht generell zu dunkel, sollten Sie den Neukauf eines besseren Dynamos überlegen oder die Laufeigenschaften des Dynamos überprüfen. Lichtanlagen sollten komplett in so genannter zweiadriger Verdrahtung ausgeführt sein. Die früher übliche einadrige Verkabelung führte immer wieder zu Problemen. Selten ist eine Birne oder auch eine Lampe einfach zu alt. Tauschen Sie diese versuchsweise aus. Manchmal ist der Reflektor trüb oder verschmutzt. Probieren Sie, ob sich das Problem durch Reinigen der Scheiben der Lampen von außen beheben lässt.

Sicherheitshinweise

Unzählige Fahrräder auf deutschen Straßen sind alles andere als in Ordnung, geschweige denn verkehrssicher. Regelmäßige Inspektionen erhalten die Betriebs- und Verkehrssicherheit Ihres Drahtesels.

Nach einem Unfall oder starker Krafteinwirkung

Wenn Sie mit Ihrem Fahrrad in einen Unfall verwickelt waren, dieses mit viel Gepäck umgekippt ist oder auf andere Art und Weise eine starke ungewöhnliche Kraft auf das Rad eingewirkt hat, sollten Sie Rahmen, Gabel und Lenker auf mögliche Brüche untersuchen. Sehen Sie sich diese Komponenten genau an. Sie sollten dabei vor allem die Übergangsstellen – Schweiß-/Lötstellen, Klemmungen, Befestigungsstellen – eingehend inspizieren. Ist irgendwo etwas verbogen, sind Risse erkennbar? Fassen Sie die genannten Teile fest an und drücken Sie kräftig in verschiedene Richtungen. Drücken Sie mit einem Fuß auf dem Pedalarm auch seitlich auf das Tretlager. Haben Sie den Eindruck, dass sich ein Teil irgendwo ungewöhnlich stark verbiegt? Prüfen Sie diese Stellen exakt.

Auf keinen Fall dürfen Sie verbogene Lenker gerade biegen! Diese können später ohne Vorwarnung abbrechen und zu schweren Verletzungen führen. Wenn auf einen Aluminium-Lenker eine ungewöhnlich starke Kraft eingewirkt hat, sollte er sicherheitshalber ausgetauscht werden, auch wenn äußerlich keine Schäden erkennbar sind. Häufig ist das Material dann an der Klemmstelle geschwächt und die Aluminiumlenker können ohne Vorwarnung brechen.

Mindesteinstecktiefe von Lenkervorbau und Sattelstütze
Wenn Sie den Lenkervorbau oder die Sattelstütze verstellen, beachten Sie die Mindesteinstecktiefe. Räder nach DIN-Norm haben eine Markierung, falls diese nicht vorhanden ist, sollte die Einstecktiefe mindestens 7 cm betragen.

Sicherheitsbefestigung für das Schutzblech
Das Vorderradschutzblech sollte eine Sicherheitsbefestigung haben. Es sind zwei verschiedene Varianten üblich. Die Streben dürfen nicht allzu sehr verbogen sein. Meist können Sie die Streben einfach mit der Hand wieder gerade biegen.

Reifen
Prüfen Sie gelegentlich, ob die Reifen noch genügend Profil haben. Sind Risse im Reifen erkennbar? Hat der voll aufgepumpte Reifen irgendwo eine Beule? Falls ja oder das Profil abgefahren ist, tauschen Sie den Reifen aus. Mehr dazu erfahren Sie im Kapitel „Reifen und Räder" (ab Seite 55).

Das Bremsseil (Bowdenzug) ist gerissen

Dies ist gefährlich, weil der Zug meist genau dann reißt, wenn Sie die Bremse stark betätigen. Vermeiden Sie diesen Defekt, indem Sie den Zug regelmäßig kontrollieren: Mindestens alle 500 Kilometer oder zweimal jährlich ist eine Kontrolle ratsam. Achten Sie besonders auf die Stellen, an denen der Zug stark umgelenkt wird, also im Bereich des Bremshebels oder nahe der Bremse. Spätestens, wenn hier eine der Seelen gerissen ist, sollte der Zug sofort ausgetauscht werden. Manchmal, aber nicht immer, kündigt sich ein Reißen kurz vorher durch verminderte Bremsleistung an. Das Kapitel „Bremsen" beschreibt, wie sie den Zug austauschen können.

Bremsanker

Überprüfen Sie gelegentlich, ob ein eventuell vorhandener Bremsanker, etwa bei Rücktrittbremse, Trommelbremse, Scheibenbremse noch richtig fest sitzt! Der Bremsanker wird entweder an einer speziellen Befestigungsmöglichkeit am Fahrradrahmen angeschraubt oder eingesteckt oder eine Schelle hält ihn fest. In diesem Fall sollte die Schelle mit einer Gummi- oder ähnlichen Unterlage auf dem Rahmenrohr aufliegen und nicht direkt. Schon ein geringes Spiel kann hier fatale Folgen haben, weil die einwirkenden Kräfte beim Bremsen enorm sind. Ein plötzlich losbrechender Anker kann massive Schäden am Fahrrad verursachen und zum Sturz führen, weil dann die Bremse plötzlich nicht mehr wirkt.

Längere Fahrt bergab

Bei längeren Fahrten bergab, insbesondere mit einem Tandem oder mit Gepäck, sollten Sie Zwischenpausen einlegen, damit die Bremsen nicht zu heiß laufen. Bei Felgenbremsen besteht die Gefahr, dass der Reifen beschädigt wird und sogar platzen kann!

Bei Rücktrittbremsen kann das Fett im Innern verbrennen bzw. verkohlen. Lassen Sie die Bremsen abkühlen, bevor Sie weiter fahren. Kühlen Sie heiß gelaufene Bremsen jedoch auf keinen Fall abrupt mit Wasser ab, da der Kälteschock zu Schäden führen kann.

Felge bei Fahrrädern mit Felgenbremse

Wenn Sie ein Fahrrad mit Felgenbremse haben, verschleißen nicht nur die Bremsgummis, sondern auch die Felge. Sie wird dünner und kann irgendwann sogar brechen! Das ist sehr gefährlich. An guten Felgen sind so genannte Verschleißindikatoren vorhanden. Daran können Sie sehen, ob eine Felge schon zu dünn ist und ausgewechselt werden muss. Fragen Sie im Zweifelsfall einen Fachmann.

Seitendynamo

Checken Sie öfters, ob die Dynamohalteschraube noch richtig fest ist. Prüfen Sie dies, indem Sie versuchen, den Dynamo um die Schraube herum zu verdrehen. Gelingt das, sollten Sie die Schraube ordentlich festziehen. Seitendynamos sollten grundsätzlich besser am Hinter- als am Vorderrad montiert sein.

Tipps zum Fahrradkauf

Kaufen Sie Fahrräder nur im guten Fachhandel! Nur hier bekommen Sie sachkundige Beratung. Heutzutage gibt es eine Unmenge an Fahrradtypen, -größen und -ausstattungsmerkmalen. Nur ein Fachhändler kann da den Überblick bewahren und Ihnen zu einem Rad raten, das Ihren Ansprüchen genügt. Manche Händler haben sich auf bestimmte Bereiche (zum Beispiel Liegeräder) spezialisiert.

Ein guter Fachhändler bietet auch eine kostenlose Erstinspektion an. Nach etwa drei Monaten bzw. wenigen 100 Kilometern Fahrstrecke sollte diese Erstinspektion durchgeführt werden.

Sie dient der Sicherheit und Langlebigkeit des Fahrrads, weil dabei eventuell Einstellungen, zum Beispiel an der Gangschaltung korrigiert werden oder lockere Schrauben angezogen werden.

Dem Fahrradrahmen kommt entscheidende Bedeutung beim Fahrverhalten zu. Da ist zum einen die Rahmengeometrie zu nennen, die sich nach dem Fahrradtyp und nach Ihren Körpermaßen richten sollte. Die Rahmengröße, die übrigens nichts mit dem Raddurchmesser zu tun hat, richtet sich nach Ihrer Schrittlänge. Einige Maße können durch die Einstellung am Fahrrad geringfügig angepasst werden. Wenn aber die Rahmengeometrie grundsätzlich nicht zu Ihnen passt, dann können Sie damit das Fahrrad nicht passend machen.

Als Rahmenmaterial werden derzeit hauptsächlich Alumini-
umlegierungen (Alu) eingesetzt. Aber auch Stahl findet noch
Verwendung, hochwertig ist hier vor allem der so genannte hoch legierte Chrom-Molybdän-Stahl (CroMo). Das Gewicht eines Fahrrad-Rahmens aus Aluminium unterscheidet
sich nicht grundsätzlich von einem Vergleichbaren aus
CroMo-Stahl. Beide Materialien haben Vor- und Nachteile,
die Sie vor einem Fahrradkauf sorgfältig abwägen sollten.
Wichtiger ist eine gute Verarbeitung, die man als Laie aber
leider kaum erkennen kann. Seit etlichen Jahren werden zumindest teilweise auch Kunststoffe auf Basis von Kohlefaser-
Verbundwerkstoffen eingesetzt. Letztere haben ein besonders geringes Gewicht, sind jedoch auch besonders
empfindlich und teuer.

Dem Fahrradgewicht wird häufig eine viel zu große Bedeutung beigemessen. Die Einsparung von 1 kg am Fahrrad
bringt am Gesamtgewicht von Fahrrad plus Fahrer plus Gepäck gerade einmal ein Prozent. Diese Einsparung spielt
hinsichtlich der Tretleistung ohnehin nur bei niedrigen Ge-
schwindigkeiten oder bergauf eine Rolle; bei höherer Geschwindigkeit überwiegt der Luftwiderstand. Nur wenn Sie
ihr Fahrrad häufiger tragen müssen, sollten Sie auf geringes
Fahrradgewicht achten. Achten Sie aber auf eine gute Beleuchtung. Standard sind heute ein Nabendynamo, Halogenscheinwerfer und ein Rücklicht mit Standlichtfunktion.
Scheinwerfer und Rücklicht sollten mit dem Dynamo über
stabile zweiadrige Kabel verbunden sein.

Selbstverständlich gehört zu Ihrem Fahrrad auch eine Bedienungsanleitung. Die Einstellungen für Schaltung und Bremse sollten auf jeden Fall Bestandteil sein, ebenso wie die verschiedenen Verstellmöglichkeiten, um das Fahrrad an Ihre individuellen Anforderungen anzupassen.

Machen Sie eine ausgiebige Probefahrt über mehrere Kilometer. Ein seriöser Händler wird Ihnen das auf jeden Fall gewähren. Probieren sie auch den Sattel über längere Strecken aus. Gute Fahrradhändler gestatten Ihnen den Umtausch des Sattels auch noch einige Tage oder Wochen nach dem Kauf, bisweilen sogar mehrmals. Die Lenkerform bestimmt Ihre Haltung auf dem Fahrrad: mehr liegend, stark nach vorn gebeugt oder aufrecht. Die Abmessungen des Rahmens müssen dazu passen.

Wenn Ihnen Komponenten am Fahrrad nicht gefallen oder passen, fragen Sie nach einem Tausch. Selbstverständlich sollte der Austausch des Sattels, einer Klingel und der Pedale sein. Etwas aufwendiger, aber häufig gegen Aufpreis möglich, sind Änderungswünsche bei Scheinwerfer und Rücklicht, beim Gepäckträger oder beim Lenker. Eher unüblich ist der Austausch von Schaltungskomponenten, eines Nabendynamos gegen einen anderen Typ, der Bremsen oder Felgen. Wenn Sie dahingehende Wünsche haben, erkundigen Sie sich nach einem Fahrrad, welches für Sie speziell zusammengestellt wird.

Es gibt häufig Modelle, bei denen Sie zahlreiche Komponenten (und auch die Rahmenhöhe) nach eigenen Wünschen bestellen können. Allerdings müssen Sie dann meist eine mehr oder weniger lange Wartezeit in Kauf nehmen (typisch sind wenige Wochen bis hin zu einigen Monaten, je nachdem, welchen Fahrradtyp und welche Ausstattung Sie sich wünschen). Spezielle Fahrradmanufakturen fertigen Fahrräder auch exakt nach Kundenwunsch an, sogar die Rahmen werden dort nach Ihren individuellen Wünschen zusammengebaut.

Überlegen Sie sich vor dem Kauf, wofür Sie das Fahrrad hauptsächlich benötigen: für Fahrten in der Stadt, für Radtouren oder als Trainingsgerät für Ihre Fitness? Es gibt kein „Universalfahrrad", jedes Fahrrad hat seinen speziellen Haupteinsatzzweck.

Ein Tipp: Kaufen Sie Fahrräder nicht in der Hauptsaison zwischen März und September und kurz vor Weihnachten. Zu den anderen Zeiten können Sie häufig Sonderangebote erhalten und die Händler haben zudem mehr Zeit, Sie zu beraten.

Sie können Fahrräder bereits ab 149 Euro (Massenware aus Discountern) erhalten, nach oben hin gibt es keine preislichen Grenzen. Die Preise für eine vernünftige, das heißt langlebige, Qualität beginnen etwa ab 400 Euro für ein normales Fahrrad mit einfacher Ausstattung. Sinnvoll sind Preise bis etwa 5 000 Euro, darüber erhält man meist keinen echten Mehrwert. Außerdem sind Tandems, Liegeräder und Falträder deutlich teurer als Cityräder, Mountainbikes und Tourenräder.

Reifen und Räder

Reifen und Räder sind nicht nur ein richtiger Blickfang, sie tragen auch entscheidend zum Fahrverhalten bei. Je nach Fahrradtyp werden unterschiedliche Abmessungen und Typen verwendet, ja, ambitionierte Radfahrer wechseln wie Autofahrer sogar von Winter- auf Sommerreifen. Reifen unterliegen dem Alterungsprozess und sollten grundsätzlich spätestens nach einigen Jahren – auch wenn sie wenig gefahren wurden – ausgetauscht werden. Ebenso sollten Sie Reifen wechseln, wenn das Profil abgefahren ist oder sich Risse zeigen. Auch die Räder bleiben vom Alter nicht verschont. Speichen können brechen oder die Felgen können sich verziehen.

Allgemeine technische Hinweise

Reifen unterscheidet man zunächst nach Größe. Nach der europäischen E.T.R.T.O.-Norm (European Tire and Rim Technical Organisation) sind alle Maße nach einheitlichen Kriterien in Millimeter angegeben. Was so einfach klingt, sieht in der Praxis ganz anders aus. Hier sind noch die unterschiedlichsten Normen gebräuchlich. Bisweilen werden Rad- und Reifengröße in Zoll angegeben (diese Norm dürfte Ihnen am geläufigsten sein, es gibt hier die bekannte 24"-, 26"- oder 28"-Räder). Schwer zu durchschauen ist auch die französische Norm, bei der Angaben der Art „700 × 28C" üblich sind. Welche Reifenmaße zu welcher Felge passen, hängt von den Felgenmaßen ab. Wenden Sie sich an Ihren Fahrradhändler, wenn Sie sich unsicher fühlen.

Vielfach herrscht der Glaube, dass schmalere Reifen einen geringeren Rollwiderstand haben. Das ist falsch. In der Praxis können schmalere Reifen jedoch meist mit höherem Druck gefahren werden. Der Luftdruck im Reifen hat einen wesentlich größeren Einfluss auf den Rollwiderstand als die Reifenabmessungen: Je höher der Druck, desto leichter rollt es.

Achten Sie auf möglichst breite Reifen, die mit hohem Druck aufgepumpt werden können. Es sollten mindestens 4,5 bar (4 500 hPa, hPa = Hektopascal, die heute gültige Einheit für Druck) möglich sein. Sie können an fast jedes Rad breitere Reifen montieren. Welche passen, hängt von der Felge und dem Rahmen ab. Der Reifen muss logischerweise noch in den Rahmen passen. Erfragen Sie am besten beim Fahrradfachhandel, welche Reifen Sie für Ihr Rad verwenden können. Breitere Reifen haben weitere Vorteile. So können sie mit geringerem Luftdruck gefahren werden, wenn Sie das wünschen. So erhalten Sie zum Beispiel auf holprigem Untergrund eine bessere Federung. Auch auf Sand oder Schnee fahren Sie mit geringem Luftdruck oft besser. Aquaplaning spielt beim Fahrrad übrigens keine Rolle: Es würde theoretisch erst oberhalb von 200 km/h auftreten.

Je weniger Profil ein Reifen hat, desto angenehmer läuft er auf ebenem Untergrund wie Asphalt. Völlig profillose Reifen heißen Slicks.

Sie sind vornehmlich für Asphaltstraßen gedacht. Im Gelände ist dagegen mehr Profil besser, weil es besser greift. Das gilt auch bei Schnee, während bei Eis einzig Spike-Reifen einen Vorteil bieten. Stark profilierte Reifen machen meist ein deutliches Geräusch auf ebenem Untergrund, was viele als unangenehm empfinden.

Sie sollten auch darauf achten, dass das Profil an den Seiten nicht zu abrupt endet, damit Sie bei scharf gefahrenen Kurven nicht den Eindruck bekommen, das Fahrrad werde plötzlich zur Seite gedrückt.

Besonderes Augenmerk gilt natürlich dem Pannenschutz. Hier erweisen sich Markenreifen meist als weniger pannenanfällig als Billigprodukte aus dem Baumarkt. Es gibt Reifen, in die spezielle Pannenschutzeinlagen eingearbeitet sind. Nicht bewährt haben sich separate Pannenschutzeinlagen aus zähem Kunststoffband, das zwischen Schlauch und Rei-

fen eingelegt werden kann. Dieses Band verrutscht leicht, zudem können die scharfen Ränder in den Schlauch einschneiden und verursachen so selbst Platten.

Reifenarten für verschiedene Fahrradtypen

An Rennrädern werden meist so genannte Schlauchreifen verwendet. Dabei bilden Schlauch und Reifen eine Einheit, die auf die Felge geklebt wird. Die Reifenbreite ist gering, typischerweise zwischen 15 und 25 mm. Rennradreifen kann man meist sehr hart aufpumpen; bis zu 10 bar (10 000 hPa) sind möglich. Für die Reparatur solcher Reifen sind aber Spezialkenntnisse erforderlich.

An den meisten anderen Rädern sind Reifen und Schlauch getrennte Bauelemente, die auf die Felge aufgezogen werden müssen. An Stadträdern finden Sie meist breitere Reifen. Die typischen Werte liegen zwischen 35 und 60 mm.

Der Durchmesser beträgt entweder 559 mm (26") oder 622 mm (28").

Bei Mountainbikes kommt nahezu ausschließlich der Reifendurchmesser 559 mm zum Einsatz. Die typischen Reifenbreiten liegen zwischen 47 und 60 mm.

An Trekking- und Reiserädern ist ein Reifendurchmesser von 622 mm bei Breiten zwischen 30 mm und 47 mm üblich.

Reifen wechseln, Platten flicken

Die möglichen Ursachen für einen Platten wurden bereits auf Seite 32 angesprochen, jetzt geht es um das Beheben einer solch ärgerlichen Panne.

Kleine Ventilkunde
Es gibt drei Arten von Ventilen:
- Autoventil (Standard an Mountainbikes)
- Dunlopventil (klassisches Ventil in Deutschland)
- Rennradventil (Sklaverandventil, französisches Ventil, inzwischen recht verbreitet).

Autoventil   *Dunlopventil*   *Rennradventil*

Alle Ventilarten können ausgetauscht werden, bei den langlebigen Autoventilen ist das aber fast nie nötig. Rennradventile sind besonders anfällig: Aufgrund ihrer filigranen Struktur sind sie recht empfindlich und können schon einmal verbiegen.

Sowohl für Autoventile als auch für Rennradventile ist jeweils ein Spezialwerkzeug zum Austausch erforderlich. Ein Dunlopventil können Sie einfach an der Ventilhaltemutter von Hand losschrauben.

Das Ventil lässt sich dann einfach aus dem Ventilschaft herausziehen. Beim Festschrauben sollten Sie es nur von Hand festziehen, nicht mit einer Zange. Achten Sie darauf, dass immer eine Schmutzkappe auf das Ventil geschraubt ist.

Testen des Ventils auf Dichtheit
Bei Dunlop- und Autoventilen genügt meist ein nasser Finger, um herauszufinden, ob das Ventil dicht ist. Halten Sie ihn bei voll aufgepumptem Schlauch auf die Ventilöffnung: Blubbert oder zischt es, ist das Ventil defekt. Beim Rennradventil müssen Sie zum Testen ein kleines mit Wasser gefülltes Gefäß bemühen, in welches Sie den Ventilschaft halten.

Passen Sie beim Aufpumpen auf: Die eingesetzte Luftpumpe muss zur Ventilart passen. Der Pumpenkopf ist jeweils unterschiedlich. Die meisten modernen Pumpen lassen sich umstellen oder umbauen.

Defekter Schlauch als Ursache für Platten

Wenn Aufpumpen nicht (lange) hilft und das Ventil in Ordnung ist, hat meistens der Schlauch ein Loch. Häufig ist ein eingedrungener Gegenstand wie Glassplitter, Dorn oder Reißzwecke im Bereich der Lauffläche die Ursache.

Benötigte Werkzeuge und Ersatzteile

Luftpumpe, ein Satz Reifenheber (drei Stück, am besten aus stabilem Kunststoff, mit Aussparung im Griff zum Einhängen in die Speichen), Flickzeug (Schleifpapier, Gummilösung, Flicken).

Vorbereitungen

Zur Schadensbehebung unterwegs suchen Sie sich am besten eine ruhige Ecke mit einem ebenen sauberen Untergrund. Bei Regen sollte zudem ein Dach oder Ähnliches vorhanden sein, damit der Reifen beim Reparieren nicht nass wird. Stellen Sie, nachdem Sie möglicherweise vorhandenes Gepäck entfernt haben, Ihr Rad auf Sattel und Lenker. Zu Hause können Sie den Lenker zur Schonung auf zwei Styropor- oder Holzklötze stellen; unter den Sattel legen Sie am besten Zeitungspapier.

Möchten Sie den Reifen nur flicken, ist ein Ausbau des Rades oft nicht erforderlich. Sie können den ganzen Fahrradrahmen einfach als bequemen Montageständer verwenden. So erübrigt sich gegebenenfalls auch die Demontage von Bremsen, Schaltung und Ähnlichem.

Ursache für den Platten suchen
- optisch: Laufrad langsam drehen, nach eventuell erkennbar eingedrungenen Gegenständen absuchen.
- akustisch: Reifen stramm aufpumpen, Laufrad langsam drehen, Ohr ganz dicht an den Reifen halten, wo zischt es?

Haben Sie so die Stelle gefunden, markieren Sie diese am besten auf Reifen und Felge. In jedem Fall muss nun der Schlauch aus dem Reifen geholt werden.

Reifen demontieren, Schlauch untersuchen und flicken
1 Falls vorhanden, lösen Sie die Haltemutter des Ventilschafts.
2 Befindet sich noch Luft im platten Reifen, muss diese vor der Reparatur vollständig herausgelassen werden (Dunlopventil: herausdrehen, Autoventil: mit Schraubenzieher innen auf den Nippel im Ventilschaft drücken, Rennventil: Rändelschraube lockern und auf den dünnen Pin drücken). Dann

wird der Reifen demontiert: Drücken Sie dafür zuerst den Reifen ringsum in die Mitte der Felge. Heben Sie nun an der Lochmarkierung den Reifen auf einer Seite von der Felge ab. Dies funktioniert sehr gut mit Reifenhebern aus Kunststoff. Befindet sich die Markierung in unmittelbarer Nähe zum Ventil, sollten Sie etwas weiter entfernt davon beginnen. Schieben Sie einen Reifenheber mit der dünnen gebogenen Seite seitlich zwischen Reifen und Felge. Drücken Sie ihn dann nach unten. Gute Reifenheber haben eine Aussparung im Griff zum Einhängen in eine Speiche. Hängen Sie den zweiten und dritten Reifenheber etwa 10 cm entfernt vom ersten Reifenheber an. Beim Ansetzen des dritten Reifenhebers springt der Reifen meist von der Felge. Ziehen Sie nun den Reifen mit der Hand auf etwa 30 cm Länge von der Felge ab.

3 Ziehen Sie nun an dieser Stelle den Schlauch heraus. Suchen Sie anschließend die Innenseite des Reifens nach Fremdkörpern ab und entfernen Sie diese – sofern vorhanden –, damit der Schlauch nicht gleich wieder durchlöchert wird. Inspizieren Sie Felge und Felgenband, falls Sie im Reifen nichts finden.

4 Rauen Sie zuerst die Umgebung des Lochs mit Schleif- oder Schmirgelpapier auf und bestreichen Sie die Stelle mit der Gummilösung, und zwar etwas größer als der Durchmesser

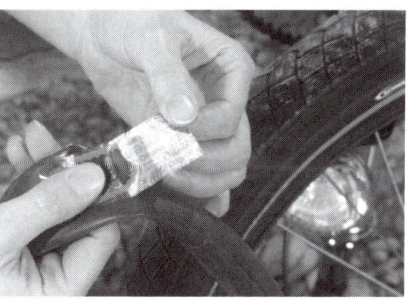

des Flickens. Lassen Sie nun die Lösung antrocknen. Dies dauert zumeist nur wenige Minuten. Sie können auch mit einem sauberen Finger am äußersten Rand kontrollieren, ob die Lösung trocken ist. Ziehen Sie dazu die vorderseitige Schutzfolie des Flickens, die meist aus Alufolie besteht, vom Flicken ab, setzen Sie den Flicken auf und drücken ihn fest an. Je fester der Flicken angedrückt wird, desto besser und haltbarer sitzt er auch. Ziehen Sie nun die rückseitige, meist durchsichtige Schutzfolie ab. Diese Folie darf nicht am Flicken verbleiben, da sie aufgrund ihrer Scharfkantigkeit wieder Löcher verursachen kann. Achten Sie darauf, dass Sie beim Abziehen dieser Folie nicht den ganzen Flicken wieder mit abziehen.

5 Pumpen Sie den Schlauch ganz schwach auf und schieben Sie ihn wieder in den Reifen. Drücken Sie den Reifen – möglichst ohne Reifenheber –, am Ventil beginnend, vorsichtig wieder auf die Felge. Achten Sie darauf, dass der Schlauch nicht zwischen Reifen und Felge eingeklemmt wird. Pumpen Sie den Reifen etwas mehr auf und drücken Sie den Ventilschaft in den Reifen, damit dieser nicht am Ventilschaft verklemmt. Danach drücken Sie den Reifen mit der Hand rundum in die Mitte der Felge, um einen gleichmäßigen Sitz zu erreichen. Achtung: Die Ventilschaftmutter darf noch nicht angezogen werden. Pumpen Sie den Reifen nun komplett auf und ziehen Sie dann die Ventilmutter fest (nur handfest). Setzen Sie nun die Schutzkappe des Ventils auf.

Wenn das Loch schwer zu finden ist
Heben Sie, wie oben beschrieben, auf einer Seite den Reifen komplett von der Felge ab. Ziehen Sie den Schlauch ganz aus dem Reifen heraus, sodass er nun zwischen Felge und Rahmen zu liegen kommt. Das ist zwar etwas mühsam, erspart Ihnen aber immer noch die komplette Demontage des Rades. Pumpen Sie den Schlauch jetzt kräftig auf. In vielen Fällen können Sie jetzt schon das Loch orten. Falls das immer noch nicht der Fall ist, holen Sie sich einen Eimer mit Wasser. Pumpen Sie den Schlauch stramm auf und halten Sie ihn abschnittsweise in den Eimer. Dort, wo Blasen aufsteigen, ist das Loch. Wenn Sie gerade mit Ihrem Rad unterwegs sind, müssen Sie sich gegebenenfalls mit einem tropfnassen Tuch oder auch mit mehreren zusammengelegten nassen Taschentüchern behelfen. Legen Sie das Tuch rund um den Reifen und führen Sie es langsam den ganzen Reifen entlang. An der Stelle, wo das Loch ist, hört man entweder ein Zischen oder sieht Blasen. Markieren Sie diese Stelle. Weiter geht es dann wie oben beschrieben. Lassen Sie den Schlauch trocknen oder trocknen ihn ab, bevor Sie ihn wieder einbauen. Vergessen Sie nicht, den Reifen nach der Ursache für

das Loch abzusuchen, denn sonst ist der Schlauch gleich
wieder kaputt!

Rad ausbauen

Wenn der Schlauch ausgetauscht werden muss, ein neuer
Reifen zu montieren ist oder das Felgenband erneuert wer-
den soll, müssen Sie das Rad vorher ausbauen. Der genaue
Ablauf hängt vom Fahrradtyp ab.

Benötigte Werkzeuge (abhängig vom Fahrrad)
Maulschlüssel, Schlitz- oder Kreuzschlitzschraubendreher,
eventuell Rohrzange oder Kombizange.

Arbeitsschritte
Stellen Sie das Fahrrad zunächst einmal auf den Kopf.

■ Rad abbauen
1 Schrauben Sie
zuerst vorhan-
dene Befesti-
gungsschrauben
und die Muttern
ab. Dies sind in
jedem Fall die Achsmuttern. Bei Fahrrädern mit Rücktritt-,
Trommel- oder Scheibenbremse müssen auch die Befestigungsschrauben des Gegenhalters gelöst werden. Beim Gegenhalter handelt es sich um eine Art Arm, der von der Rad-

nabe ausgeht und am Rahmen befestigt ist. Bei Rädern mit Nabenschaltung müssen Sie vom Hinterrad eventuell ein vorhandenes Schaltseil oder eine Clickbox losschrauben.

Statt normaler Muttern kommen an den Achsen immer häufiger so genannte Schnellspanner zum Einsatz. Diese löst man einfach von Hand durch Umlegen des Hebels. Drehen Sie die Schnellspanner nur wenige Umdrehungen auf, ein vollständiges Aufschrauben ist in der Regel nicht notwendig. Merken oder notieren Sie sich in jedem Fall, welche Muttern, Schrauben, Unterlegscheiben und anderen Kleinteile wohin gehören, damit Sie beim Wiederaufbau keine Probleme bekommen. Lassen Sie, sollte sich im Reifen noch Restluft befinden, diese vollständig ab.

2 Heben Sie anschließend das Rad aus seiner Halterung. Beachten Sie dabei, in welche Richtung Sie ziehen: Je nach dem, welchem Typ die Achsaufnahme entspricht, muss dabei nach oben, nach vorne oder nach hinten gezogen werden.

3 Heben Sie am Hinterrad die Kette vom Ritzel. Bei Rädern mit Kettenschaltung erleichtert es die Arbeit, erheblich, wenn 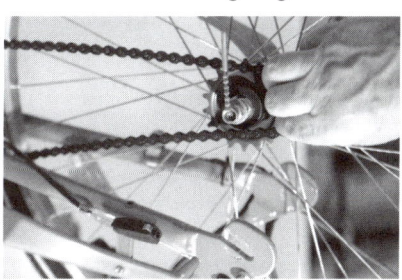 Sie die Kette vor dem Ausbau auf eines der kleinsten Ritzel umschalten.

■ Einbau des Rades

Der Einbau erfolgt genau in umgekehrter Reihenfolge. Beachten Sie dabei unbedingt, dass ein eventuell vorhandener Gegenhalter von Bremsen richtig montiert wird. Legen Sie das Rad zunächst einfach nur in die Achsaufnahme. Schrauben Sie die Achsmuttern bzw. Schnellspanner nur locker fest, sodass Sie das Rad noch bewegen können. Achten Sie darauf, dass das Rad mittig im Rahmen sitzt. Schrauben Sie dann den Gegenhalter fest. Danach ziehen Sie die Achsmuttern/Schnellspanner wieder richtig fest.

Tipps zum Thema Reifen und Schlauch

■ Ersatzschlauch

Achten Sie beim Kauf auf die richtige Größe des Schlauches. Meist eignen sich die Schläuche für mehrere Reifengrößen. Vorsicht ist allerdings bei Schläuchen geboten, die für alle Größen taugen sollen.

Achten Sie auch auf das richtige Ventil, auch bei der Ventilschaftlänge sind bei allen Arten zwei Maße erhältlich! Das größere Maß ist in der Regel für so genannte Hohlkammerfelgen erforderlich. Diese Profilart ist deutlich steifer als herkömmliche Felgenprofile und reduziert die Gefahr von Speichenbrüchen erheblich.

■ Reifenmontage

Bei einigen Reifen ist eine Laufrichtung vorgegeben. Diese kann vorn und hinten unterschiedlich sein. Ein Pfeil zeigt an, in welche Richtung sich das Rad drehen soll. Um beim auf dem Kopf stehenden Fahrrad die richtige Drehrichtung der Räder herauszufinden, betätigen Sie einfach die Pedale. Halten Sie den zu montierenden Reifen so neben den sich drehenden Reifen, dass der Pfeil in die richtige Richtung weist. So müssen Sie den Reifen dann auch montieren.

Speichen erneuern und Felgen richten

Ein normales Laufrad verfügt über 32 oder 36 Speichen. Sie zentrieren das Rad und verleihen ihm seine Stabilität. Es kommt vor, dass einzelne Speichen aus dem Rad brechen. Damit die Felge nicht an Stabilität verliert und sich verzieht, müssen Sie in einem solchen Fall die Speichen schnellstmöglich erneuern. Ist die Felge nämlich erst einmal verzogen, haben Sie die gefürchtete Acht im Rad. Wenn Sie eine Acht in Ihrem Rad haben, weil Sie die Speichen zu spät ausgewechselt haben, können Sie – sofern die Acht nicht zu heftig ausfällt – für Abhilfe sorgen. Richten Sie die Felge mit ein wenig Fingerspitzengefühl wieder neu. Für die folgenden Arbeiten sollten Sie schon ein wenig Erfahrung mit Fahrradreparaturen und – vor allem – viel Geduld mitbringen.

Einzelne Speichen erneuern

Speichen brechen meist an der Biegung zum Nabenflansch, also dort, wo die Speichen an der Nabe eingehängt werden. Hier an der tellerartigen Ausbildung der Nabenenden befindet sich ihre schwächste Stelle. Sie sollten von Zeit zu Zeit

nachprüfen, ob noch alle Speichen in Ordnung sind. Oft bleibt ein Speichenbruch zunächst unbemerkt. Stellen Sie einen Bruch fest, müssen Sie eine neue Speiche einziehen.

Benötigtes Werkzeug
Speichenspanner

Arbeitsschritte
1 Wenn die Speiche am Speichenbogen gebrochen ist, kann die alte Speiche oft einfach aus dem Nippel herausgedreht werden. Wenn das nicht geht, bauen Sie das Rad aus (siehe Seite 66) und entfernen Reifen, Schlauch und Felgenband. Ist eine Speiche am Hinterrad auf der Seite der Zahnkränze gebrochen, müssen Sie das Ritzelpaket ausbauen (siehe Seite 133). Nun können Sie die defekte Speiche entfernen.

2 Fädeln Sie die neue Speiche durch das Loch im Naben-flansch (tellerförmige Nabenenden). Stellen Sie dabei sicher, dass der Speichenkopf fest in seinem Loch sitzt. Entfernen Sie den Speichennippel von der Speiche, setzen Sie ihn an die entsprechende Stelle in der Felge und drehen ihn dann wieder mit der Hand auf die Speiche. Kontrollieren Sie noch einmal, ob der Speichenkopf gut in seinem Loch sitzt und ob die Speiche korrekt eingebaut ist – das sehen Sie daran, ob ihr Verlauf dem der anderen Speichen ähnelt.

3 Kontrollieren Sie nun, ob der Speichennippel sauber in seinem Loch in der Felge sitzt. Wenn das der Fall ist, können Sie mit dem Speichenspanner die Speiche wieder festziehen. Orientieren Sie sich hinsichtlich der richtigen Speichen-spannung an den anderen Speichen im Rad.

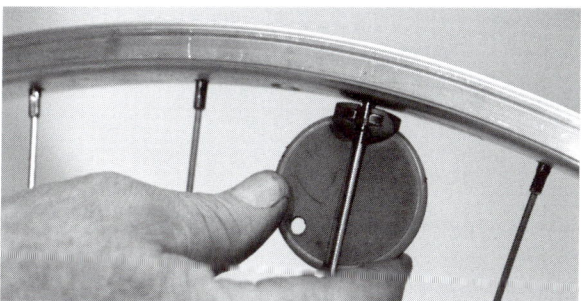

Bei einzelnen Speichen ist hiermit die Arbeit für gewöhn-lich abgeschlossen und Sie können das Rad wieder zusam-menbauen und montieren. Hin und wieder ist es aber nötig, die Felge neu zu richten. Das geht folgendermaßen:

Felgen richten

Das Richten einer Felge erfordert sehr viel Fingerspitzengefühl und ein wenig Erfahrung. Dabei ist das Zentrieren
einer Felge, bei der Sie nur eine oder wenige Speichen gewechselt haben, noch vergleichsweise einfach. Grundsätzlich
unterscheidet man zwei verschiedene Arten von Abweichungen, die eine Felge aufweisen kann: eine seitliche Abweichung (Seitenschlag) und eine Abweichung in der Höhe (Höhenschlag oder Tiefenschlag).

Zunächst müssen Sie natürlich feststellen, wo sich der Schlag
überhaupt befindet. Dazu können Sie das Rad in einen
speziellen Zentrierständer einspannen. Der kostet aber eine
Menge Geld, für den Heimgebrauch funktioniert es meistens
ebenso gut, wenn Sie das Rad wieder in die Gabel einhängen.
Drehen Sie nun das Rad langsam und betrachten sie es von
der Seite – um den Höhen- bzw. Tiefenschlag zu erkennen –
und von oben, um den Seitenschlag zu erkennen. Markieren
Sie mit einem Filzstift auf der Felge die Stelle, an der sich die
Abweichung befindet. Nun beginnen Sie damit, die Felge
wieder zu richten. Zentrieren bedeutet dabei immer, einige
Speichen ein wenig zu lösen und andere Speichen gleichzeitig etwas fester zu ziehen.

Höhenschlag/Tiefenschlag richten
Zunächst kümmern Sie sich um den Höhenschlag. Wenn die
Felge eine Beule nach außen aufweist, müssen Sie die
Speichen an der entsprechenden Stelle spannen.

Gehen Sie dabei äußerst vorsichtig vor. Spannen Sie die Speichen jeweils nur um eine halbe Umdrehung und kontrollieren Sie das Ergebnis, bevor Sie weiterarbeiten. Und vergessen Sie auch nicht, zum Festziehen der Speichen den Speichenspanner nach links zu drehen.

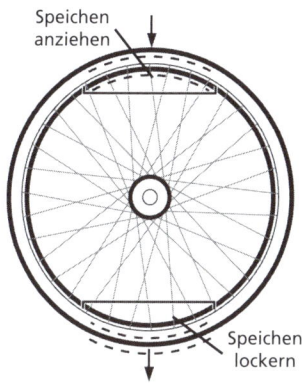

Nun können Sie sich dem Tiefenschlag widmen. Zeigt die Felge an einer Stelle eine Delle nach innen, müssen Sie dort die Speichen ein wenig lockern. Auch hier gilt es wieder, vorsichtig und langsam zu Werke zu gehen.

Seitenschlag richten
Um einen seitlichen Schlag zu entfernen, müssen Sie ebenfalls einige Speichen lösen und andere festziehen.

Sehen Sie sich dazu den Speichenverlauf an der markierten Stelle genau an, indem Sie von oben auf das Rad schauen. Ist das Rad nach links ausgebeult, müssen Sie

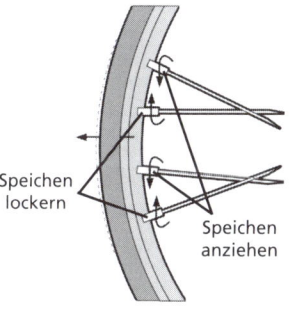

alle Speichen, die im markierten Bereich zum linken Naben-
flansch führen, lockern. Entsprechend müssen Sie die Speichen, die zum rechten Nabenflansch führen, spannen. Weist
das Rad eine Beule nach rechts auf, gehen Sie genau an-
dersherum vor. Gehen Sie bei der Arbeit äußerst behutsam
vor, damit sie nicht einen anderen Schlag in die Felge hi-
neinspannen. Tasten Sie sich am besten mit einer halben
oder nur mit einer viertel Umdrehung an Ihr Ziel heran.

Rad komplett neu einspeichen
Dies sollten Sie nur von einem Profi durchführen lassen.
Selbst in einer Werkstatt werden mit dieser Arbeit nur die
erfahrensten Mechaniker betraut. Außerdem lohnt es sich
häufig gar nicht, das Rad komplett neu einzuspeichen, da
der Kauf eines neuer Laufrades bisweilen kaum teurer ist.

Naben warten und auswechseln
Das folgende Bild zeigt eine Radnabe von der Seite. Eine
wichtige Rolle bei Ein- und Ausbau der Achse und bei der
Nabenwartung spielen dabei der Konus und die Kontermutter.

Zerlegen der Nabe
Unabhängig davon, ob Sie neue Bestandteile in die Nabe
einbauen wollen oder deren Komponenten lediglich fetten
möchten, müssen Sie auf jeden Fall die Nabe öffnen. Das
empfiehlt sich bei Hinterradnaben nur dann, wenn sie keine

Rücktrittbremse oder Nabenschaltung aufweisen. In diesen Fällen sollten Sie den Fachmann konsultieren.

Benötigtes Werkzeug
Konusschlüssel, Maulschlüssel, eventuell Schraubenzieher, Zange.

Arbeitsschritte
1 Bauen Sie – wie auf Seite 66 beschrieben – das Rad aus. Entfernen Sie anschließend gegebenenfalls vorhandene Staubschutzkappen. Diese sind lediglich aufgesteckt und können ganz einfach abgezogen werden.
2 Halten Sie mit dem speziellen Konusschlüssel den Konus fest und lösen Sie gleichzeitig mit dem Maulschlüssel die Kontermutter. Arbeiten Sie an Hinterradnaben mit Kettenschaltung, lösen Sie die Schrauben auf der dem Ritzelpaket gegenüberliegenden Seite. Drehen Sie die Kontermutter ganz von der Achse und entfernen Sie die Unterlegscheibe.

Eventuell müssen Sie hier ein wenig mit dem Schraubenzieher nachhelfen.

3 Schrauben Sie den Konus von der Achse. Jetzt können Sie
die Radachse aus der Nabe ziehen. Achten Sie darauf, dass
Sie eventuell herausfallende Kugeln auffangen.

Lager fetten und Lagerspiel einstellen

Immer dann, wenn Sie den Eindruck haben, dass die Räder
nicht mehr so leicht laufen, wie Sie das gewohnt sind, sollten
Sie die Radlager neu fetten. Dazu können Sie beim Händler
ein spezielles Lagerfett kaufen. Nachdem Sie die Nabe auseinander gebaut haben, gehen Sie folgendermaßen vor:

Arbeitsschritte

1 Entfernen Sie mit einem Schraubenzieher alle Lagerkugeln
aus dem Nabenkörper. Lösen Sie auch die Fettreste in den
Kugelvertiefungen. Nun können Sie die Lagerlaufflächen
mit frischem Fett versehen. Drücken Sie anschließend die
Lagerkugeln wieder in das Fett. Stellen Sie sicher, dass Sie

keine der Kugeln vergessen haben. Geben Sie zusätzlich etwas Fett auf die Lagerkugeln.

2 Reinigen Sie die Achse und stecken Sie sie in den Nabenkörper. Drehen Sie den zweiten Konus wieder auf die Achse und ziehen Sie ihn so weit an, dass nur noch minimales Spiel vorhanden ist und das Rad dennoch leicht und ohne Geräusche läuft. Stecken Sie die Unterlegscheibe auf und schrauben Sie die Kontermutter auf die Achse.

3 Stellen Sie das Lagerspiel ein, indem Sie beide Konen so weit hinein- bzw. herausdrehen, bis nur noch ein minimales Spiel vorhanden ist. Die Achse darf nicht wackeln. Diese Arbeit ist etwas knifflig. Verlieren Sie nicht die Geduld, auch der Profi braucht hier einige Anläufe, bis die Einstellungen wieder voll und ganz stimmen. Schrauben Sie zum Schluss die Kontermuttern wieder fest. Vergessen Sie nicht, die Konen dabei mit dem Konusschlüssel festzuhalten.

Neue Konen montieren

Wenn Sie die Achskonen erneuern möchten, müssen Sie die Konen auf beiden Seiten der Achse lösen. Bei Hinterradnaben mit Kettenschaltung müssen Sie auch das Ritzelpaket abschrauben. Wie das geht, erfahren Sie im Kapitel „Antrieb" ab Seite 133. Beim Einbau der neuen Konen müssen Sie darauf achten, dass auf beiden Seiten die Achse gleich weit übersteht. Überprüfen Sie auch, ob die Achse mittig im Achskörper steckt, bevor Sie die Konen zuerst auf der einen, dann auf der anderen Seite wieder festschrauben.

Sicheres Fahrrad – gesetzliche Vorschriften

Nach der Straßenverkehrszulassungsordnung (StVZO) dürfen auf deutschen Straßen – dazu zählen auch Feld- und Waldwege – nur Fahrräder gefahren werden, die über eine entsprechende Ausstattung verfügen. Wer das vergisst oder ignoriert, riskiert nicht nur Verwarnungsgeld, sondern auch die eigene Sicherheit.

Eine Reihe von funktionstüchtigen Elementen am Fahrrad sind zwingend vorgeschrieben. Zu einem verkehrssicheren Rad gehört auch ein funktionierendes Licht. Was zur Beleuchtung des Fahrrades gehört, ist in § 67 der StVZO geregelt:

- fest angebrachte Beleuchtung, bestehend aus:
  - ▶ einem weiß leuchtenden, nach vorn gerichteten Scheinwerfer. Er muss so befestigt sein, dass er sich nicht unabsichtlich verstellen kann. Der Lichtkegel muss in 10 m Entfernung vor dem Fahrrad die Fahrbahn beleuchten;
  - ▶ einer Schlussleuchte für rotes Licht. Erlaubt ist eine zusätzliche dauerhaft rot leuchtende Lampe;
  - ▶ Scheinwerfer und Schlussleuchte dürfen nur zusammen einschaltbar sein. Bei geringer Geschwindigkeit darf durch eine Automatik das Rücklicht als Standlicht allein leuchten;

- ▶ einem Dynamo (Lichtmaschine);
- ▶ mindestens einem nach vorn wirkenden weißen Rückstrahler (ist häufig in den Scheinwerfer integriert);
- ▶ mindestens einem roten Rückstrahler und einem roten Großflächen-Rückstrahler. Die Schlussleuchte sowie einer der Rückstrahler dürfen in einem Gerät vereinigt sein;
- ▶ Fahrradpedale müssen mit nach vorn und nach hinten wirkenden gelben Rückstrahlern ausgerüstet sein. Zulässig sind auch zur Seite wirkende gelbe Rückstrahler an den Pedalen;
- ▶ je Rad müssen mindestens zwei, um 180 Grad versetzt angebrachte, zur Seite wirkende gelbe Speichenrückstrahler angebracht sein. Alternativ können auch ringförmig retroreflektierende weiße Streifen an den Reifen angebracht sein oder es kann in den Speichen ein entsprechendes Band befestigt werden. Auch eine Kombination aus mehreren von diesen Elementen ist zulässig;
- ▶ zusätzliche nach der Seite wirkende gelbe rückstrahlende Mittel sind zulässig.
- ■ Alle lichttechnischen Elemente müssen für das Fahrrad zugelassen sein.
- ■ Für Rennräder (Trainingsgeräte) gelten Ausnahmen; hierbei sind Batterieleuchten zulässig, die angesteckt werden können. Diese müssen jedoch immer mitgeführt werden!

- Klingel (mindestens eine hell tönende Glocke, Radlaufglocken sind nicht zulässig).
- Fahrräder müssen (mindestens) zwei voneinander unabhängige Bremsen haben.

Ergänzt werden diese Vorschriften durch die DIN-Normen des Deutschen Instituts für Normung und die Prüfvorschriften für das GS-Zeichen (Geprüfte Sicherheit). Die Einhaltung dieser Normen ist zwar nicht zwingend; bei technischen Mängeln, die zu Unfällen geführt haben, werden jedoch solche Normen immer wieder als so genannter Stand der Technik von den Gerichten als Maßstab herangezogen.

Beispiele:
- Die Markierung für die Mindesteinstecktiefe der Sattelstütze in das entsprechende Rohr des Fahrradrahmens (Sitzrohr). Wenn eine solche Markierung an Ihrem Rad fehlen sollte, sollten Sie die Stütze mindestens 7 cm tief einstecken.
- Das Gleiche gilt für die Mindesteinstecktiefe des Lenkerschaftes in den Gabelschaft.
- Gebrauchsanweisung.
- Verzögerungsleistung der Bremsen (diese ist unterschiedlich, je nachdem, ob es sich um eine nasse oder eine trockene Fahrbahn handelt).
- Stabilität von Lenkern und Rahmenteilen.

Bremsen

Ohne Zweifel zählen Bremsen zu den wichtigsten Bestandteilen für die Sicherheit des Fahrrads. Fallen sie aus oder arbeiten nicht korrekt, kann das zu schweren Unfällen führen.
Bei einem Bremsvorgang wirken bisweilen enorme Kräfte
auf die einzelnen Bauteile der Bremsen. Deshalb ist es sinnvoll, sich regelmäßig davon zu überzeugen, dass sich alle am
Fahrrad montierten Bremsen im einwandfreien Zustand
befinden. Sollten Sie beim Bremsencheck Mängel feststellen,
ist es ratsam, diese sofort zu beheben, denn bei Ihrer
Sicherheit sollten sie keine Kompromisse eingehen.

Vor einigen Jahrzehnten brachten Radler ihren Drahtesel
noch mit einer einfachen Klotzbremse zum Stehen. Sie bestand aus einem Gummistempel, der von oben auf die Lauffläche des Reifens gedrückt wurde. Dieser Stempel war durch
ein Metallgestänge mit dem Bremshebel am Lenker verbunden. Allerdings war die Bremswirkung dieser Mechanik
eher bescheiden. Außerdem nutzten die Bremsgummis und
auch die Reifen sehr stark ab. Neben dieser, nur wenig Ver-
trauen erweckenden Bremse, verfügten die Räder zumeist
über eine Rücktrittbremse, die bereits wesentlich effektiver
arbeitete.

Auch heute finden Sie noch an vielen Rädern Rücktrittbremsen. Daneben hat sich, vor allem seit dem Siegeszug
der Mountainbikes, bei der Technologie für Fahrradbremsen
viel getan. Mittlerweile können Sie beim Kauf eines Fahr-

rads zwischen vielen verschiedenen Modellen auswählen. In diesem Kapitel erfahren Sie nun, wie die verschiedenen Bremssysteme arbeiten, wie man sie wartet und repariert.

Die Rücktrittbremse

Die Mechanik der Rücktrittbremse verbirgt sich zum größten Teil in der Hinterradnabe. Das einzige nach außen sichtbare Teil ist der Bremshebel an der linken Seite der Nabe, der mit dem Fahrradrahmen verschraubt ist. Man betätigt die Rücktrittbremse, indem man, wie der Name schon sagt, rückwärts tritt. Dann geschieht Folgendes:

Über ein Gewinde wird der so genannte Bremskonus zwischen zwei Bremsklötze geschoben. Da der Konus keilförmig ist, drückt er die Bremsklötze so lange nach außen, bis sie von der Innenseite gegen das Nabengehäuse drücken und so das Rad abbremsen. Lässt der Pedalendruck wieder nach, sorgt eine Feder dafür, dass die Bremsklötze in ihre Ausgangsposition zurückgeschoben werden und das Rad wieder frei laufen kann.

Rücktrittbremse nachstellen

Moderne Rücktrittbremsen sind so gebaut, dass sie nur sehr selten Funktionsprobleme aufweisen. Deshalb sind sie fast wartungsfrei. Bisweilen kommt es jedoch vor, dass Sie die Pedale sehr weit rückwärts – mehr als $1/_6$ Pedalumdrehung – bewegen müssen, bis die Bremswirkung einsetzt. In diesem Fall muss die Rücktrittbremse nachgestellt werden.

Benötigtes Werkzeug

Neben einem Maulschlüssel (zumeist Größe 15) benötigen Sie für diese Arbeit einen speziellen Hakenschlüssel. Der wird Ihnen für gewöhnlich beim Kauf eines neuen Fahrrads mit Rücktrittbremse mitgeliefert. Sie haben ihn sicherlich schon häufig gesehen, ohne genau zu wissen, was sie damit eigentlich anfangen sollen.

Arbeitsschritte

1 Entfernen Sie zunächst die Achsmuttern. Lockern Sie nun die linke Ringmutter – Sie finden das Bauteil direkt an der Nabe – mit dem Hakenschlüssel um etwa eine Umdrehung.

2 Wenden Sie sich nun der rechten Seite der Achse zu. Dort finden Sie einen Vierkantnocken. Ihn können Sie mit der Vierkantaussparung des Hakenschlüssels bewegen. Drehen Sie den Vierkant so weit ein, bis die gewünschte Spielfreiheit für die Rücktrittbremse erreicht ist. Hier müssen Sie gegebenenfalls ein wenig probieren, bis Sie die optimale Einstellung – das Spiel sollte nicht mehr als $1/_6$ Pedalumdrehung betragen – erreicht haben. Ziehen Sie nun wieder die Ringmutter und die beiden Achsmuttern fest.

Weitere Arbeiten sind an der Rücktrittbremse für gewöhnlich nicht nötig.

Die Seitenzugbremse

Die Seitenzugbremse ist so etwas wie der Klassiker unter den Felgenbremsen. Sie hat ihren Namen – ähnlich wie die später behandelte Mittelzugbremse – von der charakteristischen Führung des Bremszuges. Dieser ist an einem der beiden Bremsarme befestigt. Betätigt man die Seitenzugbremse, sorgt eine spezielle Mechanik dafür, dass sich beide Bremsarme gleichmäßig zur Felge hin bewegen. Die Seitenzugbremse verfügt über einen recht einfachen Aufbau, auch die Verlegung des Bremszuges ist nicht sehr kompliziert. Daher können Sie hier die Wartungs- und Reparaturarbeiten auch dann selbst ausführen, wenn Sie in solchen Tätigkeiten nicht geübt sind.

Bei den Felgenbremsen existiert eine große Vielfalt von Einstellungen der Bremse, die für eine optimale Bremskraft sorgen.

Ausrichten der Bremse
Ist die Bremse nicht so montiert, dass beide Bremsgummis den gleichen Abstand zur Felge aufweisen, ist ihre Funktionstüchtigkeit beeinträchtigt. Es kann auch dazu kommen, dass eines von den beiden Bremsgummis permanent an der Felge schleift. In solchen Fällen müssen Sie ihre Bremse neu ausrichten.

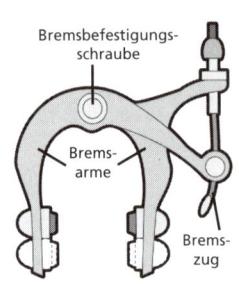

Bremsbefestigungs-
schraube

Brems-
arme

Brems-
zug

Benötigtes Werkzeug
Je nach Bauart: Schraubenschlüssel und/oder Innensechskantschlüssel, eventuell Zange.

Arbeitsschritte

Seitenzug- und auch Mittelzugbremsen sind mit einem Bolzen direkt an der Gabel befestigt. Um die Bremse zu zentrieren, arbeiten Sie folgende Schritte ab:

1 Lösen Sie die Verschraubung der Bremse mit dem Rahmen. Meist befindet sie sich an der Rückseite der Gabel.

2 Richten Sie die Bremse zentriert aus.

3 Halten Sie die Bremse in der korrekten Position fest und ziehen sie die Schraube am Rahmen wieder an.

So genannte Dual-Pivot-Bremsen, eine modernere Variante der Seitenzugbremse, verfügen über eine spezielle Zentrierschraube. Sie befindet sich auf der gegenüberliegenden Seite des Bremszuges.

Ausrichten der Bremsgummis

Bisweilen ist es nötig, die Bremsgummis wieder so auszurichten, dass sie parallel zur Felge eingestellt sind. Achten Sie auch darauf, dass die Bremsgummis weder den Reifen berühren noch über die Felge hinausragen.

Benötigtes Werkzeug

Je nach Bauart: Schraubenschlüssel und/oder Innensechskantschlüssel.

Arbeitsschritte

1 Lösen Sie die Schraube, mit der das Bremsgummi an der Bremse befestigt ist.

2 Richten Sie die Bremsgummis sorgfältig aus. Sie müssen in der Felgenebene in einem kleinen Winkel zur Felge stehen und dürfen den Reifen des Fahrrads nicht berühren.
3 Ziehen die Schraube zum Schluss wieder gut fest.

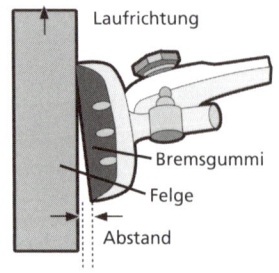

Laufrichtung

Bremsgummi

Felge

Abstand

Austauschen der Bremsgummis

Sind die Bremsgummis stark abgeschliffen, bleibt Ihnen nichts anderes übrig, als diese auszutauschen. Dazu gehen Sie zunächst so vor wie beim Ausrichten der Bremsgummis. Diesmal lösen Sie die Schrauben an den Bremsgummis jedoch komplett. Dann können Sie die alten Gummis entnehmen und durch neue ersetzen. Die meisten Bremsgummis weisen Pfeile auf, die Ihnen anzeigen, in welche Richtung sie montiert werden sollen. Dabei müssen die Pfeile in die Laufrichtung der Felgen weisen. Bei falscher Montage könnte die Bremswirkung stark beeinträchtigt werden oder die Bremse sogar versagen.

Spannen des Bremszuges

Bringt die Bremse nicht mehr ihre volle Bremsleistung oder müssen Sie den Bremshebel zu weit bis zum Lenker durchziehen, bis die Bremse anspricht, ist es nötig, den Bremszug neu zu spannen.

Benötigtes Werkzeug
Je nach Bauart: Schraubenschlüssel und/oder Innensechskantschlüssel, eventuell Zange.

Arbeitsschritte
Normalerweise reicht es aus, den Bremszug mit der Einstellschraube an der oberen Bremszugführung – meist am
rechten Bremsarm zu finden – neu zu spannen. Der Bremszug besitzt die richtige Spannung, wenn der Abstand zwischen den Bremsgummis und der Felge etwa 1,5 bis 2 mm
beträgt.

   Manchmal lässt sich die Spannung jedoch nicht allein durch
die Einstellschrauben justieren. Dann gehen Sie so vor:
1 Pressen Sie mit einer Hand beide Bremsarme zusammen
und öffnen Sie mit einem entsprechenden Schlüssel die Seitenstellschraube, durch die der

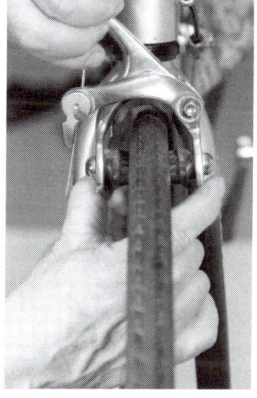

Bremszug an der Bremse festge-
halten wird, so weit, dass Sie den
Bremszug bewegen können.
Eventuell kann es passieren, dass
Sie die Schraube mit einer Zange
oder einem Schraubenschlüssel
auf ihrer Rückseite festhalten
müssen. Bitten Sie eine zweite
Person, Ihnen zu helfen und die
Bremsarme weiterhin fest an die
Felge zu pressen.

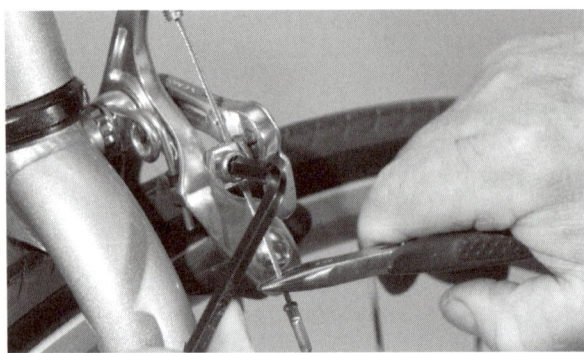

2 Ziehen Sie mit einer Zange den Bremszug vorsichtig ein kleines bisschen weiter durch die Seitenstellschraube. Schrauben Sie nun die Seitenstellschraube wieder sorgfältig fest, bevor sie die Bremsarme loslassen. Eventuell werden Sie diese Arbeitsschritte noch einige Male wiederholen müssen, bis die Bremse wieder optimal eingestellt ist.

Austauschen des Bremszuges
Wenn eine Seele des Bremszuges gerissen ist oder der Bremszug stark ausfasert oder geknickt ist, sollten Sie ihn unbedingt austauchen. Diese Reparatur ist ebenfalls ratsam, wenn die Bremse sich nur schwer betätigen lässt oder der Bremszug bereits sichtbar rostet.

Benötigtes Werkzeug
Je nach Bauart: Schraubenschlüssel und/oder Innensechskantschlüssel, Zange, eventuell eine Bowdenzugzange.

Arbeitsschritte

- Entfernen des alten Bremszuges

1 Öffnen Sie zuerst die Seitenstellschraube und ziehen Sie dann den Bremszug ein Stück heraus. Sollte er sehr ausgefranst sein, können Sie ihn auch oberhalb der Seitenstellschraube mit der Zange abschneiden und nach unten herausziehen. Schieben Sie den Bremszug aus den übrigen Halterungen und entfernen Sie die Außenhülle. Notieren Sie sich, wie der Bremszug am Rahmen Ihres Fahrrads verlegt ist, damit es beim Einbau nicht zu Schwierigkeiten kommt.

2 Schieben Sie den Bremszug in den Bremshebel, bis der Nippel oben im Bremshebel freikommt. Merken Sie sich, wie der Nippel im Bremshebel befestigt war, es gibt hier verschiedene Ausführungen. Wenn er sich nicht ohne Weiteres löst, können Sie mit einem Schraubenzieher ein wenig nachhelfen. Nun lässt sich der Bremszug komplett ausbauen.

- Einbau des neuen Bremszuges

1 Ist die alte Außenhülle beschädigt oder rostig, sollten Sie auch diese auswechseln. Bowdenzüge sind in genormten Längen erhältlich. Nehmen Sie an den alten Zügen Maß und schneiden Sie diese in der korrekten Länge ab. Hier ist eine Bowdenzange oder ein Seitenschneider nützlich. Schieben Sie nun den Bremszug durch die entsprechende Führung in den Bremshebel und haken Sie den Nippel wieder ein. Fetten Sie die Außenhülle von innen mit einigen Tropfen Öl und schieben Sie diese dann wieder über den Bremszug.

2 Verlegen Sie nun den Bremszug wieder korrekt am Rahmen des Fahrrads und fädeln Sie ihn schließlich wieder durch die Einstellschraube und die Seitenstellschraube. Nun können Sie die Bremse – wie auf Seite 84 beschrieben – wieder korrekt einstellen. Kontrollieren Sie auf jeden Fall noch einmal, ob alle Schrauben gut festgezogen sind und ob der Bremszug auch richtig im Bremshebel sitzt.

Der Bowdenzug

Bowdenzüge werden benötigt, um die Kraft von den Bremshebeln auf mechanischem Weg zu den Bremsen (aber auch zu den Schaltungen) zu transportieren. Das Besondere an ihnen ist, dass sie biegsam und flexibel sind, sodass sie die Kräfte auch auf „krummen" Wegen transportieren können. Bowdenzüge bestehen aus einem biegsamen Seil aus geflochtenen Stahldrähten. Die einzelnen Stahldrähte bezeichnet man auch als Seelen. Das biegsame Seil aus Seelen wird in einer flexiblen Hülle verlegt. Die Außenhülle besteht aus einer festen Drahtspirale, die für die Flexibilität sorgt, und einer Umhüllung aus Kunststoff. Meistens befindet sich innen noch ein Kunststoffröhrchen, das die Reibung vermindern soll. Bowdenzüge bedürfen nur wenig Pflege. Wenn Sie den Eindruck haben, Ihre Bremsen oder Ihre Schaltung laufen schwerfällig, können sie einige Tropfen dünnflüssiges Öl (zum Beispiel Maschinenöl) oben in die Öffnungen der

Außenhülle träufeln. Das Öl verteilt sich dann durch die Bewegungen des Zuges von selbst. Ist der Bowdenzug jedoch sehr rostig oder abgeknickt, muss er ausgetauscht werden. Verwenden Sie zum Abschneiden eines Bowdenzuges nur einen sehr scharfen Seitenschneider, da der Zug ansonsten ausfasert und nicht mehr in die entsprechenden Klemmschrauben eingefädelt werden kann. Hier leistet eine spezielle Bowdenzange gute Dienste.

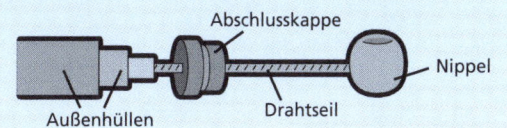

Abschlusskappe

Nippel

Außenhüllen

Drahtseil

Die Mittelzugbremse

Bei der Mittelzugbremse wird die Bremskraft gleichmäßig auf beide Bremsarme verteilt. Am Ende des Bowdenzuges befindet sich ein dreieckiges Klemmstück, in das ein kurzes Verbindungsseil eingehängt wird, das die beiden Bremsarme miteinander verbindet. Betätigt man die Bremse, wird nun das Verbindungsseil nach oben gezogen und beide Bremsarme bewegen sich gleichzeitig zur Felge. Bei der Mittelzugbremse gibt es genauso wie bei der Seitenzugbremse eine Reihe nötiger Wartungsarbeiten.

Spannen des Bremszuges

Mittelzugbremsen verfügen über spezielle Bremshebel, die dort, wo der Bremszug in den Bremshebel geführt wird, eine

Einstellschraube besitzen. Mit dieser Schraube lässt sich der Bremszug spannen. Eine zweite Einstellschraube befindet sich an der Gegenhalterung am unteren Ende des Bowdenzuges kurz über dem dreieckigen Klemmstück. Auch diese Schraube ist dazu da, die Spannung des Bremszuges zu variieren. Sollte sich auf diese Art der Bremszug nicht weit genug spannen lassen, gehen Sie folgendermaßen vor:

Benötigtes Werkzeug
Schraubenschlüssel, eventuell Zange.

Arbeitsschritte
1 Pressen Sie die Bremsarme zusammen und haken Sie den Kabelträger aus. Lösen Sie die Schraube am dreieckigen Klemmstück.
2 Ziehen Sie nun den Bremszug vorsichtig ein Stück durch das Klemmstück und ziehen Sie die Schraube wieder fest. Nun können Sie den Kabelträger wieder einhängen.
3 Eventuell werden Sie diese Arbeitsschritte noch einige Male wiederholen müssen, bis der Abstand der Bremsgummis zur Felge etwa 1,5 bis 2 mm beträgt.

Austauschen des Bremszuges
Das Austauschen des Bremszuges unterscheidet sich nicht wesentlich von den Arbeiten, die Sie bei einer Seitenzugbremse ausführen müssen. Achten Sie hier aber unbedingt darauf, dass der Bowdenzug in einer besonderen Halterung

oberhalb des Kabelträgers enden muss. Diese Halterung fungiert als Gegenlager, damit die Bremse richtig funktioniert.

Die Cantileverbremse

Die Cantileverbremse ist eine Weiterentwicklung der klassischen Mittelzugbremse. Auch hier haben Sie es mit der typischen „Architektur" einer Mittelzugbremse zu tun. Die beiden Bremsarme der Cantileverbremse sind allerdings – anders als bei der klassischen Mittelzugbremse – auf so genannten Bremssockeln angebracht. Diese Bremssockel sind am Rahmen oder an der Gabel festgeschweißt. Deshalb können Cantileverbremsen wesentlich mehr Bremsdruck auf die Felgen ausüben als herkömmliche Modelle. Damit die Bremse richtig funktioniert, sind hier einige besondere Wartungsarbeiten nötig.

Seilgeometrie richtig einstellen

Eine Cantileverbremse bremst nur dann effektiv, wenn die Bremsseile im richtigen Winkel zueinander stehen. Bei angezogener Handbremse muss das Querkabel, das die beiden Bremsarme miteinander verbindet, einen rechten Winkel bilden.

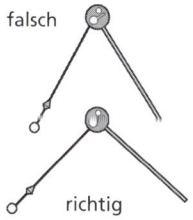

falsch

richtig

   Wenn das nicht der Fall ist, können Sie diesen Missstand schnell beheben.

Benötigtes Werkzeug
Innensechskantschlüssel, eventuell Schraubenschlüssel.

Arbeitsschritte
1 Lösen Sie die Klemmschraube am rechten Bremsarm vorsichtig mit dem Innensechskantschlüssel. Bei einigen Modellen muss man dabei die Schrauben von hinten mit einem Schraubenschlüssel festhalten. Nun können Sie den Bremszug spannen oder lösen, bis der rechte Winkel erreicht ist.
2 Ziehen Sie die Klemmschraube anschließend wieder sorgfältig fest.

Ausrichten der Bremse
Die Cantileverbremse verfügt unten an einem der Bremsarme über eine kleine Einstellschraube, die Sie entweder mit einem Kreuzschlitz-Schraubenzieher oder einem kleinen Innensechskantschlüssel drehen können. Mithilfe dieser Schraube können Sie die Bremse ausrichten.

Ausrichten der Bremsgummis
Bei einer Cantileverbremse sind die Bremsgummis dann richtig eingestellt, wenn beim Bremsen zunächst nur die Vorderseite der Gummis die Felge berührt. Quietscht die Bremse, müssen Sie die Bremsgummis neu ausrichten. Das können Sie bewerkstelligen, indem Sie mit einem Innensechskantschlüssel die Bremsgummis ein wenig lösen. Zwischen dem Bremsgummi und dem Bremsarm finden Sie eine abge-

schrägte Einstellscheibe. Wenn Sie diese Scheibe vorsichtig drehen, ändert sich die Position der Bremsgummis. Hier kann gegebenenfalls eine spitze Zange hilfreich sein. Haben die Bremsgummis die richtige Position eingenommen, schrauben Sie die Bremsgummis wieder vollkommen fest.

Austauschen der Bremsgummis
Manchmal ist es erforderlich, die Bremsgummis auszutauschen. Das hört sich schwerer an, als es ist.

Benötigtes Werkzeug
Je nach Bauart: Schraubenschlüssel und/oder Innensechskantschlüssel, eventuell Zange.

Arbeitsschritte
1 Lösen Sie die Schraube, die den Belag an der Bremse befestigt.

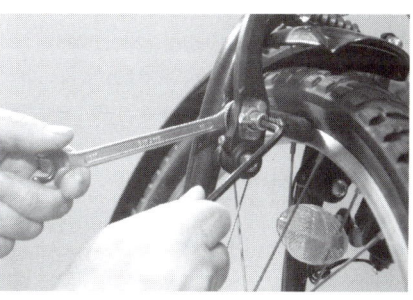

Nun verwenden Sie auf der einen Seite einen Schraubenschlüssel und auf der anderen Seite einen Innensechskantschlüssel. Ziehen Sie nun die Bremssteine aus der Halterung. Notieren Sie sich genau, welche Einbauteile an welcher Stelle befestigt sind.

2 Um den neuen Belag mit seinen Bolzen wieder in die Bremse einsetzen zu können, müssen Sie bei Cantilever-bremsen zwei Typen unterscheiden:

▶ In den meisten Fällen sind die Bremsbeläge mit dem Montagebolzen zu einer Einheit vergossen. In einem solchen Fall müssen Sie jetzt nur noch den neuen Belag mit seinem Bolzen wieder in die Bremse einsetzen und wieder festschrau-ben. Achten Sie dabei jedoch im-mer auf die rich-tige Ausrichtung der Bremsgummis (siehe Seite 85).

▶ Wenn der Bolzen mit den Bremsgummis verschraubt ist, müssen Sie zunächst einmal die Verschraubung lö-sen – hierbei kann auch eine Zange sehr hilfreich sein – und den Bolzen anschließend wieder in das neue Gummi schrauben. Der Rest funktioniert, wie es be-reits oben beschrieben ist.

Austauschen des Bremszuges

Auch bei der Cantileverbremse kann es vorkommen, dass Sie den alten Bremszug austauschen müssen.

Benötigtes Werkzeug

Schraubenschlüsse, Innensechskantschlüssel, Zange.

Arbeitsschritte
- Ausbau des Bremszuges

Pressen Sie die beiden Bremsgummis zusammen. Nun können Sie das Verbindungskabel am rechten Bremsarm aushängen – es ist leicht als das dünnere Kabel zu erkennen. Lösen Sie die Klemmschraube am linken Bremsarm und ziehen Sie den Bremszug hinaus. Die weiteren Arbeitsschritte sind so, wie sie bei der Seitenzugbremse Seite 88 beschrieben wurden.

- Einbau des Bremszuges

1 Der Bremshebel verfügt über eine Einstellschraube. Drehen Sie diese Schraube ganz hinein. Nun können Sie den Bremszug in den Hebel einfädeln. Führen Sie den Bremszug durch den Kabelverbinder bis hin zum linken Bremsarm. Schieben Sie nun die Hülle über den Bremszug. Anschließend führen Sie den Bremszug durch die Klemmschraube und spannen Sie ihn.

2 Nun können Sie das Verbindungskabel auch auf der rechten Seite wieder einhängen. Richten Sie jetzt noch die Bremsgummis wieder richtig aus.

Die V-Bremse (oder V-Brake)

Die V-Bremse ist eine Sonderform der Cantileverbremse, die heute bei nahezu allen neuen Fahrrädern, vor allem bei Mountainbikes, anzutreffen ist. Ihre Bremsarme stehen parallel zueinander und überragen den Reifen. Dieser Aufbau verstärkt die Bremswirkung; deshalb eignen sich V-Bremsen auch hervorragend für Fahrräder, die für Geländefahrten konzipiert sind. Die Wartung und Reparatur der V-Bremsen unterscheidet sich in den meisten Punkten nicht wesentlich von der Cantileverbremse. Die wenigen Ausnahmen werden hier vorgestellt.

Ausrichten der Bremse
Bei der Cantileverbremse geschieht dies mit einer Einstellschraube an einem der Bremsarme. V-Bremsen verfügen nun über derartige Schrauben an jedem der beiden Bremsarme. Zum Ausrichten der Bremsen müssen Sie also mit beiden Schrauben arbeiten.

Führung des Bremszuges
Anders als bei den bisher vorgestellten Bremsen endet der Bowdenzug bei der V-Bremse an einem gekrümmten Metallröhrchen. Durch dieses Röhrchen ziehen Sie den Bremszug und klemmen ihn dann mit einer Klemmschraube an einem der Bremsarme fest.

Die Scheibenbremse

Das Funktionsprinzip der Scheibenbremsen unterscheidet sich vom Grundsatz her kaum von den Felgenbremsen. Allerdings wird hier die Bremskraft nicht auf die Felgen, sondern auf eine Scheibe, die auf die Nabe montiert wird, ausgeübt. Diese Scheibe aus Stahl, Aluminium oder Carbon läuft zwischen zwei Bremsklötzen. Da die Scheibe sehr exakt läuft, kann der Abstand zwischen den Bremsklötzen und ihr sehr klein gehalten werden. Dadurch ist eine wesentlich größere Hebelübersetzung als bei den Felgenbremsen möglich, die Scheibenbremsen verfügen also über eine gegenüber den Felgenbremsen deutlich gesteigerte Bremskraft. Selbst Feuchtigkeit oder Verschmutzungen auf der Scheibe können so den Bremsvorgang nicht entscheidend stören.

Scheibenbremsen sind nahezu wartungsfrei. Nur einige wenige Arbeiten, wie das Austauschen der Bremsbeläge und gegebenenfalls des Bremszuges fallen hin und wieder an. Die Montage und Demontage einer Scheibenbremse muss sehr exakt erfolgen und sollte daher besser von einem Fachmann übernommen werden.

Austauschen der Bremsbeläge
Es gibt bei Scheibenbremsen verschiedene Bauarten. Für zwei der häufigsten Bauarten soll nun das Austauschen der Bremsbeläge beschrieben werden. Bei einer Scheibenbremse befinden sich die Bremsbeläge im Bremszylinder. Den erkennen Sie daran, dass er die Bremsscheibe von beiden Seiten umschließt.

Benötigtes Werkzeug
Schraubenschlüssel, Innensechskantschlüssel, Spitzzange, Schraubenzieher.

Arbeitsschritte

- **1** Bei manchen Bremszylindern ist der Bremsbelag mit einem Splint gesichert. Den müssen Sie dann mit einer Spitzzange ent- 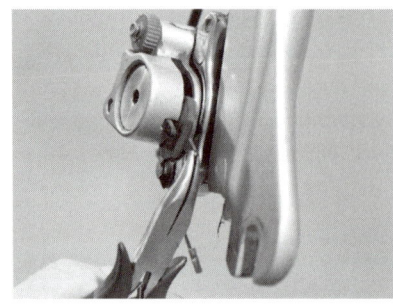 fernen. Es kommt eine Schraube zum Vorschein. Diese können Sie mit dem Innensechskantschlüssel öffnen.

  2 Nun fallen die Bremsbeläge heraus. Stecken Sie die neuen Bremsbeläge wieder in den Bremszylinder und schrauben Sie diese wieder fest. Achten Sie darauf, nur Ersatzbeläge zu verwenden, die vom Hersteller für den Bremstyp ihres Fahrrads vorgesehen sind. Setzen Sie schließlich den Sicherheitssplint wieder ein.

- Bei anderen Scheibenbremsen sind die Bremsbeläge auf kleinen Halteplatten montiert. Diese Platten sind zumeist mit drei Schrauben an der Bremse befestigt.

  1 Lösen Sie die drei Befestigungsschrauben mit einem Innensechskantschlüssel. Um Spannungen zu vermeiden, sollten Sie so vorgehen, dass Sie alle Schrauben jeweils eine halbe Umdrehung lösen. Haben sie alle Schrauben gelöst, können Sie die Halteplatte entfernen. Der Bremsbelag wird durch eine kleine Feder gehalten. Hebeln Sie mit einem Schraubenzieher die Feder vorsichtig auf.

2 Entnehmen Sie dann den Bremsbelag. Reinigen Sie die Halteplatte und legen Sie den neuen Belag ein. Fi-  xieren Sie ihn dabei mit der Feder. Jetzt können Sie die Halteplatte wieder an der Bremse befestigen. Gehen Sie auch hier so vor, dass sie die Schrauben jeweils eine halbe Umdrehung festziehen.

Bremsbeläge einstellen

Damit die Scheibenbremsen ihre volle Wirkung entfalten können, müssen die Bremsbeläge exakt eingestellt sein. Das funktioniert folgendermaßen:

Benötigtes Werkzeug
Innensechskantschlüssel, Gabelschlüssel.

Arbeitsschritte
1 Stellen Sie das Rad auf Sattel und Lenker. Lösen Sie nun mit dem Gabelschlüssel die Kontermutter an der Bremse. Die Einstellschraube für die Bremsbeläge befindet sich an dem kleinen Hebel am Bremsensattel. Mit dem Innensechskantschlüssel können Sie diese Schraube drehen.

2 Drehen Sie das Rad und drehen Sie dann die Einstellschraube so weit hinein, bis die Bremsbeläge an der Scheibe schleifen. Drehen Sie nun die Schraube wieder so weit heraus, bis das Rad wieder frei laufen kann. Arbeiten Sie hier langsam und sorgfältig, damit Sie die Schrauben nicht zu weit lösen.

3 Ziehen Sie anschließend die Kontermutter wieder fest. Betätigen Sie die Bremse mehrmals zur Probe und unternehmen Sie eine kurze Probefahrt.

Austauschen des Bremszuges

Das Austauschen des Bremszuges gestaltet sich bei einer Scheibenbremse nur unwesentlich anders als bei Felgenbremsen. Am Bremssattel der Scheibenbremse finden Sie die Klemmschraube, die den Bremszug befestigt. Sie können diese Schraube – ähnlich wie bei den anderen Bremsen – zumeist mit einem Schraubenschlüssel und einem Innensechskantschlüssel lösen und den Bremszug mit einer Zange entfernen. Die weiteren Schritte des Aus- und Einbaus funktionieren wie bei den Felgenbremsen.

Die Trommelbremse

Das Funktionsprinzip der Trommelbremse unterscheidet sich kaum von dem der Rücktrittbremse. Allerdings sind bei der Trommelbremse die Bremsklötze auf einem Ring montiert, der sich im Inneren der Bremstrommel befindet. Wenn Sie den Bremshebel betätigen, dreht sich ein Bauteil, das dafür sorgt, dass die Bremsklötze von innen gegen die Trommel gedrückt werden und das Rad so bremsen. Eine Feder bringt alle Bauteile wieder in ihre ursprüngliche Position, wenn Sie den Bremshebel loslassen.

Trommelbremsen sind recht komplizierte Gebilde. Daher sollten Sie es dem Fachmann überlassen, diese Bremsen zu öffnen und etwa die Bremsbeläge zu wechseln. Einige andere Arbeiten werden aber immer wieder anfallen.

Bremszug aushängen

Beim Austausch des Bremszuges, aber auch, wenn Sie das Rad ausbauen möchten, um den Reifen zu wechseln, müssen Sie den Bremszug der Trommelbremse aushängen. Sie finden an der Trommelbremse einen Bügel, in den der Bremszug eingehängt ist, die so genannte Zugaufnahme. Diesen Hebel können Sie mit der Hand nach vorn drücken, dadurch entspannt sich der Bremszug und Sie können ihn problemlos aushängen.

Austauschen des Bremszuges

Auch hier sind die grundsätzlichen Arbeitsschritte wie bei Bremsen anderer Bauart. Haben Sie den Bremszug ausgehängt, können Sie die Klemmschraube lösen und den neuen Bremszug einfädeln. Schrauben Sie nun die Klemmschraube wieder fest und hängen Sie den neuen Bremszug wieder in die Zugaufnahme ein. Ziehen Sie dann mehrfach hart am Bremshebel, damit sich der Zug setzt. Der Zughebel sollte etwa 15 mm Spiel aufweisen, bis die Trommelbremse packt. Sie finden dort, wo der Bowdenzug aufhört, eine Einstellschraube. Mit ihr können Sie die Bremse korrekt einstellen.

Die Rollenbremse

Die Rollenbremse ähnelt in Funktion und Wartung sehr stark der Trommelbremse. Das Einstellen der Bremse bzw. das Auswechseln des Bremszuges unterscheidet sich nicht von den entsprechenden Arbeiten bei einer Trommelbremse. Die Rollenbremse hat ihren Namen erhalten, weil die Bremsgummis innerhalb der Trommel mithilfe von Rollen an das Bremsgehäuse gepresst werden. Auch eine Rollenbremse (manchmal heißt sie auch Rollerbrake) sollten Sie nicht selbst öffnen.

Die Hydraulikbremse

Auf dem Markt gibt es einige Felgenbremsen und Scheibenbremsen, die nicht mit den herkömmlichen Bremszügen, sondern hydraulisch betätigt werden.

Durch Betätigen des Bremshebels wird eine Bremsflüssigkeit in einen Schlauch gepumpt, die dann mit hohem Druck die Bremsen betätigt. Anfallende Arbeiten bei Hydraulikbremsen sind das Entlüften der Bremse, das Erneuern der Bremsflüssigkeit und gegebenenfalls das Austauschen der Schläuche. Diese Arbeiten sollten Sie aber nur selbst in Angriff nehmen, wenn Sie über ein wenig handwerkliches Geschick – und vor allem Geduld – verfügen. Da es bei Hydraulikbremsen recht viele unterschiedliche Systeme gibt, kann hier keine allgemein gültige Reparaturanleitung gegeben werden.

Bremshebel

Die leichte Bedienbarkeit der Handbremse ist für die Sicherheit beim Fahrradfahren äußerst wichtig. Deshalb sollten Sie immer darauf achten, dass die Bremshebel am Fahrrad richtig eingestellt sind.

Auf dem Markt befindet sich mittlerweile eine Vielzahl verschiedener Bremshebel unterschiedlicher Bauarten. Viele Bremsen erfordern spezielle Hebel, und auch die einzelnen Fahrradtypen verfügen bisweilen über ganz eigene Bauteile.

Aufgrund dieser vielfältigen Bremshebelvarianten lassen sich an dieser Stelle natürlich nicht alle Modelle im Detail vorstellen. Die meisten Bremshebel haben jedoch einige Dinge gemeinsam:

Da sind an allererster Stelle sicherlich die Einstellmöglichkeiten der Bremshebel zu nennen. Die Einstellschraube an der Stelle, an der der Bremszug in die Hebel geführt wird, dient dazu, die Länge des Bremszugs und damit den Abstand der Bremsgummis zur Felge einzustellen. Es ist wichtig, dass Sie Ihren Bremshebel bequem und ohne die Finger verrenken zu müssen, erreichen können. Der Abstand des Bremshebels zum Lenker, der letztendlich darüber bestimmt, wie weit sie Ihre Hand spreizen müssen, um den Hebel zu erreichen, lässt sich bei allen Bremshebelarten individuell einstellen. Wenn Sie von der Einstellschraube, welche sich am Bremszug befindet, ein kleines Stück weit in Richtung Lenker gehen, dann werden Sie bei den meisten Bremshebeln eine kleine Schraube entdecken können, die Sie entweder mit einem Kreuzschlitz-Schraubenzieher oder mit einem Innensechskantschlüssel leicht bewegen können.

Mit dieser Schraube lässt sich der Abstand der Bremshebel ganz einfach exakt auf Ihre Körpermaße abstimmen. Die Schraube, die den Hebel am Lenker befestigt, findet sich leicht zugänglich in der Nähe des Lenkers. Bei einigen Modellen müssen Sie allerdings zunächst den Bremszug entfernen und im Anschluss daran bei gezogenem Bremshebel innen mit dem Schraubenzieher die Schraube lösen.

Wenn Sie solche Bremshebel entfernen wollen, dann empfiehlt es sich, die Schraube nicht vollständig zu lösen, sondern zunächst den Lenkergriff zu entfernen und erst im Anschluss den Bremshebel vom Lenker zu schieben.

Auch Bremshebel bedürfen nur wenig Wartung. Wenn Sie den Eindruck haben, der Hebel lässt sich schwerer als gewohnt betätigen, dann können Sie das Gelenk mit einigen Tropfen Öl neu schmieren.

Pimp My Ride – welches Fahrradzubehör nützlich ist

Spätestens seit der MTV-Serie „Pimp My Ride" (auf Deutsch „Motz meine Karre auf") träumt so mancher Radfahrer von einem Drahtesel mit verlängerter Vorderradgabel, eingebautem MP3-Player und einer Freisprecheinrichtung fürs Handy.

All das gibt es, und es scheint in der Tat kaum noch eine Ausstattung zu geben, die sich nicht auch an ein Fahrrad montieren ließe. Eigentlich sollten Sie zumindest auf unnötigen Schnickschnack am Fahrrad besser verzichten.

Hier finden Sie einen kleinen Einblick in das kaum noch überschaubare Angebot an Fahrradzubehör. Grundsätzlich gilt: Die Konstrukteure Ihres Fahrrads haben sich beim Entwurf bereits einige Gedanken gemacht. So, wie das Rad vor Ihnen steht, ist es eigentlich gut genug ausgestattet. Großartige Umbauten sind also nur selten nötig, etwa bei alten Fahrrädern die Nachrüstung eines besseren Dynamos oder eines stabileren Gepäckträgers.

Es gibt aber Fälle, in denen sie durchaus sinnvoll sein können. Geht es beispielsweise um längere Radtouren und den Gepäcktransport, werden Sie sicherlich nicht auf Gepäcktaschen verzichten können. Je nach Menge des Gepäcks ist es, etwa bei mehrtägigen Touren, durchaus sinnvoll, vorn und hinten Gepäcktaschen anzubringen. Beim Beladen des Rads sollten Sie dann aber darauf achten, dass das Gewicht auf der linken und rechten Seite des Rades ungefähr gleich verteilt ist. Ein schwer beladenes Fahrrad reagiert anders als ein Drahtesel ohne Gepäck. Außerdem unterscheidet sich das Fahrverhalten in der Kurve deutlich. Sie sollten also bei Ihrer ersten Fahrt mit Gepäck zunächst vorsichtig fahren, um so das veränderte Fahrverhalten Ihres Rades kennen zu lernen.

Bisweilen kann es auch sinnvoll sein, sich einen Fahrradanhänger anzuschaffen. Auch hier gilt es wieder zu beachten, dass ein Fahrrad mit Anhänger völlig andere Fahreigenschaften aufweist als zuvor ohne Anhänger. Zudem wird Ihr Gespann durch den Anhänger wesentlich breiter. Sie brauchen also ein wenig Übung, bis Sie die Abstände richtig einschätzen und sich wieder sicher im Straßenverkehr bewegen können.

Gerade, wenn Sie mit einem Anhänger oder mit schwer bepackten Taschen unterwegs sind, kann auch die Anschaffung eines neuen Fahrradständers sinnvoll sein. Bei vielen Modellen bietet der serienmäßig eingebaute Ständer nur wenig Halt und Stabilität und kann gerade einmal das Eigengewicht des Fahrrads stützen. Zweibein-Ständer haben sich bei einer zusätzlichen Gewichtsbelastung als recht gute Alternative erwiesen.

Es kann vorkommen, dass sich nach einiger Zeit zeigt, dass Ihr Lenker Ihnen kein entspanntes Fahren ermöglicht. In solchen Fällen empfiehlt es sich, mit dem Fahrradhändler Rücksprache zu halten und einen neuen Lenker anzuschaffen, der Ihnen mehr Komfort bietet. Nachträglich Vorbauten am Lenker anzubringen, erscheint hingegen nicht unbedingt sinnvoll, da nicht alle Lenkertypen für derartige Bauteile ausgelegt sind. Auch hier empfiehlt es sich, Rücksprache mit dem Fahrradhändler zu nehmen. Ähnliches gilt für neue Lenkergriffe. Ein Austausch ist eigentlich nur dann nötig, wenn die alten Griffe durchgescheuert sind.

Abschließend noch ein paar Bemerkungen zum Thema Beleuchtung. Auch hier gibt es immer wieder Erneuerungsbedarf. Die Beleuchtung mit Dynamo ist aus Sicherheitsgründen zu empfehlen (siehe Seite 78). Ein Verstoß gegen diese Vorschrift kann zudem auch recht teuer werden. Wenn Sie trotzdem die batterie-/akkubetriebenen Variante bevorzugen, ist es wichtig, immer über geladene Akkus zu verfügen, damit nicht unterwegs plötzlich das Licht ausgeht. Der Vorteil dieser Lampen liegt darin, dass diese nicht mit der eigenen Kraft den Dynamo antreiben müssen und dass es keine Verkabelung gibt, die kaputt gehen kann. Letztendlich hängt es hier aber ganz von Ihren Vorlieben ab, welchem System Sie den Vorzug geben. Wichtig ist nur, dass die Beleuchtung einwandfrei funktioniert.

Wimpel und Fahnen sind für Kinderfahrräder sinnvoll, damit die Kleinen im Straßenverkehr nicht übersehen werden. Zu diesem Zweck sollten Sie darauf achten, dass sie auch deutlich sichtbar angebracht sind. An Fahrrädern für Erwachsene sind sie nur an Anhängern, Liegerädern und beim Schlussmann bei Radtouren in Gruppen sinnvoll.

Beleuchtung

Die Fahrradbeleuchtung ist leider bis heute ein im wahrsten Sinne des Wortes dunkles Kapitel. Laut den gesetzlichen Vorschriften, die in der Straßenverkehrs-Zulassungs-Ordnung (StVZO) festgelegt sind (siehe Seite 78), dürfen auf deutschen Straßen nur Fahrräder gefahren werden, die über eine entsprechende Ausstattung verfügen. Dazu zählen ein Dynamo, ein Scheinwerfer, ein Rücklicht und verschiedene Reflektoren. Alle lichttechnischen Einrichtungen eines Fahrrads müssen ein entsprechendes Prüfzeichen tragen. Immer wieder werden auch Fahrräder – vor allem Mountainbikes – ganz ohne Beleuchtung verkauft. Die Benutzung solcher Räder ist im deutschen Straßenverkehr unzulässig. Dazu zählen auch Feld- und Waldwege.

Moderne Fahrrad-Beleuchtung

Achten Sie auf folgende Merkmale bzw. Komponenten, wenn Sie ein neues Fahrrad oder Ersatzteile für Ihre Fahrradbeleuchtung kaufen.

Nabendynamo

Der Dynamo ist in die Nabe des Vorderrads integriert. Probleme wie Durchrutschen bei Nässe oder Schnee, fest gerostete Federn, Schwergängigkeit und andere Unzulänglichkeiten der bisher üblichen Seitendynamos sind damit Vergangenheit. Der Nabendynamo schluckt zwar ein wenig

Energie, da er dauernd mit angetrieben wird – auch wenn kein Licht gebraucht wird –, dieser Verlust ist aber gering. Im Wirkungsgrad sind Nabendynamos den Seitendynamos meist deutlich überlegen. Fragen Sie, ob der Dynamo getriebelos ist. Nabendynamos mit Getriebe haben einen geringeren Wirkungsgrad und sind deshalb schwergängiger. Der Einbau eines Nabendynamos in ein vorhandenes Fahrrad lohnt dann, wenn ohnehin das Vorderrad ausgetauscht werden muss.

Seitendynamo
Kaufen Sie nur hochwertige Seitendynamos. Die Unterschiede hinsichtlich Zuverlässigkeit, zum Beispiel Durchrutschen bei Nässe und Leichtgängigkeit, sind enorm. Außerdem unterscheiden sich die verschiedenen Typen darin, ab welcher Geschwindigkeit sie ausreichend Strom liefern. Achten

Sie darauf, dass ein Seitendynamo am Hinterrad und nicht am Vorderrad montiert ist. Er sollte in Fahrtrichtung zeigen, ob er links oder rechts angebracht ist, ist meist egal. Es gibt alle Seitendynamos in zwei spiegelbildlichen Ausführungen: eine für Linksmontage, die andere für Rechtsmontage. Falls Sie Ihr Vorderrad auswechseln müssen, erwägen Sie gleich, ein neues mit Nabendynamo zu kaufen.

Halogenscheinwerfer

Halogenscheinwerfer sind heute Standard. Das Licht erzeugende Element ist eine Glühbirne mit Halogenfüllung. Diese haben im Vergleich zu normalen Birnen einen etwa

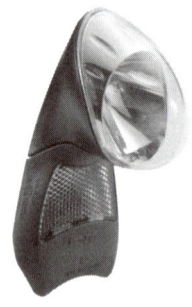

doppelten Wirkungsgrad, sind damit bei gleicher elektrischer Leistung doppelt so hell. Meist ist ein Reflektor in den Scheinwerfer integriert. Es gibt allerdings große Unterschiede in Bezug auf die Qualität der Fahrbahnausleuchtung. Die Helligkeit des hellsten Lichtfleckes auf der Fahrbahn ist wenig aussagekräftig, wichtiger ist die Gleichmäßigkeit der Ausleuchtung. Wählen Sie einen Scheinwerfer mit möglichst gleichmäßiger Beleuchtung der Fahrbahn, achten Sie insbesondere darauf, dass die Ausleuchtung einigermaßen symmetrisch nach rechts und links ist und keine Dunkellöcher im Lichtfeld vorhanden sind. Ideal ist ein längliches Rechteck als Leuchtfeld.

Diodenscheinwerfer

Seit kurzem (Stand: 2006) gibt es Diodenscheinwerfer für Dynamobetrieb. Hier werden Leuchtdioden (LED) mit deutlich höherer Lebensdauer und höherem Wirkungsgrad statt Glühbirnen verwendet.

Nachleuchtendes Diodenrücklicht (LED)

Ebenfalls auf dem neuesten Stand der Technik sind Rücklichter für Dynamobetrieb, bei denen das Licht mit rot leuchtenden Dioden erzeugt wird. Die Dioden erzeugen bei gleicher elektrischer Leistung erheblich mehr Licht als Glühbirnen. Ergänzend ist eine Nachleuchtfunktion wichtig:

Wenn Sie an einer Kreuzung, zum Beispiel an einer Ampel, anhalten müssen, dann leuchtet das Rücklicht auch im Stand noch einige Minuten lang, sodass sie von nachfolgenden Fahrzeugen besser gesehen werden. Diese Ener-  gie wird entweder aus Batterien entnommen, die in das Rücklicht eingebaut sind oder einem so genannten hochkapazitiven Kondensator. Letzterer wird vom Dynamo zu

Beginn einer jeden Fahrt aufgeladen. Empfehlenswert ist die Version mit Kondensator, da dieser auf Lebensdauer des Fahrrads ausgelegt ist. Meist halten hochwertige Diodenrücklichter sogar länger als das Fahrrad.

Doppeladrige Verkabelung

Früher wurde vom Dynamo je eine Leitung zu Scheinwerfer und Rücklicht gelegt. Für einen Stromkreis sind jedoch mindestens zwei Leitungen erforderlich. Die zweite Leitung bestand aus dem Fahrradrahmen, der ja aufgrund seines Materials (Metall) Strom leiten kann. Dies hat aber immer wieder zu Problemen an Übergangsstellen geführt, da hier die Stromleitung unterbrochen werden konnte. Wird anstelle des Rahmens ein weiteres Kabel verwendet, entfallen diese Probleme. Hierbei wird vom Dynamo je ein zweiadriges Kabel zu Scheinwerfer und Rücklicht gelegt. Am Dynamo sind meistens vier Anschlüsse vorhanden, an Scheinwerfer und Rücklicht je zwei. Bei Nabendynamos und Automatikschaltungen ist dies anders und wird weiter unten erklärt. Am Dynamo sind meist vier Anschlüsse vorhanden, an Scheinwerfer und Rücklicht je zwei. Achten Sie darauf, dass die Kabel dick genug sind, dann sind sie reißfester. Achten Sie auch auf die Kabelverlegung: Die Kabel sollten möglichst eng am Rahmen anliegen und gut befestigt sein, zum Beispiel mit Kabelbindern, oder im Rahmen verlaufen. Wenn Sie das Fahrrad tragen, dürfen Sie sich nicht mit den Kabeln verheddern. An den Stellen, wo sich Kabel gegenüber dem

Rahmen bewegen müssen – meist im Bereich der Fahrrad-gabel –, sollte zwar ausreichend, aber nicht zu viel Spielraum sein. Sie können die Kabel hier durch zusätzliche Verstärkungen oder Kabelspiralen schützen. Achten Sie auch darauf, dass die Kabel nicht so verlegt, sind, dass Sie beim Gepäcktransport mit den Gepäckstücken in Berührung kommen.

Elektrische Anschlüsse:
Dynamo, Scheinwerfer und Rücklicht
Achten Sie auf eine gute Befestigung der Kabelanschlüsse an Dynamo und Scheinwerfer bzw. Rücklicht. Am besten haben sich Anschlüsse für Kabelschuhe bewährt.

Automatikschaltung
Fahrradlichtanlagen mit Nabendynamo werden häufig mit Automatikschaltungen geliefert. Hierbei misst ein Lichtsensor, meist im Scheinwerfer integriert, die Umgebungshelligkeit und schaltet das Licht automatisch ein, wenn es zu dunkel wird. In der Regel ist am Scheinwerfer ein Schalter enthalten, mit dem die Automatik abgestellt werden kann, entweder auf „Dauerlicht" oder auf „Licht aus".

Sonstige lichttechnische Einrichtungen
Hierzu zählen die verschiedenen Reflektoren eines Fahrrades. Achten Sie auch hier auf hochwertige, möglichst bruchstabile Ausführungen.

Mögliche Defekte

Die nachfolgend genannten Defekte sind in der Reihenfolge ihrer Häufigkeit aufgeführt.

■ Glühbirne durchgebrannt

Glühbirnen für Fahrräder haben eine Lebensdauer von einigen 10 bis 100 Stunden. Fahren Sie zu lange mit einer kaputten Birne, geht die andere meist auch noch kaputt, da die elektrische Leistung des Dynamos für zwei Birnen dimensioniert ist. Besonders schnell brennt die Rücklichtbirne durch, wenn die Scheinwerferbirne defekt ist! Auch Diodenrücklichter können kaputtgehen, wenn sie wegen einer defekten Scheinwerferbirne zu hohe Spannungen bekommen.

■ Kabel unterbrochen

Dies passiert besonders leicht an Stellen, an denen das Kabel nicht eng am Rahmen verlegt ist. Auch wo Teile dem Kabel gegenüber bewegt werden, wie im Lenkerbereich oder am hinteren Ausfallende nahe der Hinterradachse, kann dies geschehen. Bei Plastikschutzblechen kommen manchmal Unterbrechungen der integrierten Leiterbahnen vor.

■ Loses Elektrokabel

Das Kabel hat sich vom Anschluss des Dynamos, Scheinwerfers oder Rücklichts gelöst. Bei Plastikschutzblechen mit integrierten Leiterbahnen gibt es ebenfalls Anschlüsse für die Kabel.

■ Kabelisolierung durchgescheuert

Dann liegt ein Kurzschluss vor. Dies passiert besonders dort, wo sich das Kabel gegenüber dem Rahmen bewegen kann.

■ Korrosion

Korrosion, zum Beispiel Rost, kann an allen Übergangsstellen bei Kabeln, am Fahrradrahmen, an den Anschlüssen, den Fassungen von Birnen oder den Birnen selbst auftreten.

■ Dynamolaufrolle rutscht durch

Schwankt die Lichthelligkeit, ist das Licht dunkler als sonst oder jault der Dynamo besonders bei Nässe, liegt dies meist an einer durchrutschenden Dynamolaufrolle.

■ Dynamo ist defekt

Der Dynamo dreht sich gar nicht mehr oder er liefert trotz funktionierender Laufrolle keinen Strom mehr.

■ Diodenrücklicht (Diodenscheinwerfer) defekt

Falls Dioden als alleinige Licht erzeugende Elemente verwendet werden, ist ein Durchbrennen sehr unwahrscheinlich. Bei Diodenlampen geringer Qualität kommt es aber gelegentlich zu Undichtigkeiten, sodass Regenwasser eindringen und die Elemente bzw. die eingebaute Elektronik zerstören kann.

Licht reparieren, Fehlersuche und Reparatur

Mit der folgenden Anleitung können Sie eine Fehlerquelle systematisch einkreisen und auf diese Weise nahezu alle in der Praxis vorkommenden Fehler selbst finden und beseitigen. Wer über ein Multimeter – das ist ein Messgerät für elektrische Größen – verfügt und damit umgehen kann, kann dieses selbstverständlich anstelle von Batterie und Birnen einsetzen.

Werkzeug

4,5-Volt-Flachbatterie, funktionierende Rücklichtbirne (6 V, 0,6 W) als Testbirne, einige Meter Kabel, einige Wäscheklammern, Schere oder Abisolierzange, gegebenenfalls Montagewerkzeug für Aus- und Einbau von Dynamo oder Lampen, Kabelbinder, Ersatzteile.

Bitte beachten Sie bei der folgenden Anleitung zur Fehlersuche die unten genannten Abweichungen für Lichtanlagen mit Nabendynamo und Lichtautomatik.

Eine Lampe leuchtet nicht, die andere funktioniert

Wahrscheinlich ist die Birne durchgebrannt. Zum Testen der Birne sollten Sie diese ausbauen.

1 Beim Rücklicht müssen Sie hierzu die rote Plastikscheibe abziehen. Je nach Bauart ist zuvor eine Halteschraube abzuschrauben, ein Bügel zur Seite zu drücken oder eine andere Arretierung zu lösen. Die Birne ist dann zugänglich und kann aus seiner Fassung geschraubt werden.

2 Bei älteren Scheinwerfern wird die Frontscheibe durch eine Art Klickverschluss festgehalten. Wenn Sie diesen zurückziehen – hoch oder herunter –, können Sie die Scheibe nach vorn abziehen und die Birne ist zugänglich.

3 Bei den meisten Halogenscheinwerfern kann der vordere Teil komplett abgenommen werden. Schrauben Sie gegebenenfalls die entsprechende Sicherungsschraube ab. Bei einigen Modellen ist ein kleiner Arretierungshebel vorhanden, der hochgezogen oder zur Seite gedrückt werden muss.

Drehen Sie anschließend den gesamten vorderen Teil des Scheinwerfers $^1/_4$ Umdrehung nach links – oder rechts, je nach Modell. Jetzt können Sie das ganze Vorderteil abziehen. Gehen Sie sehr

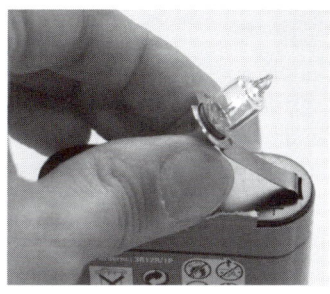

behutsam vor, denn die Halogenbirne liegt lose in ihrer Fassung (Steckfassung) und fällt leicht heraus! Zum Testen der Birne halten Sie diese direkt an die Kontakte der 4,5-V-Batterie: Brennt die Birne nicht, müssen Sie eine neue einbauen. Wischen Sie Halogenbirnen aber vor dem Einbau gründlich ab, da Fettreste von den Fingern einbrennen und die Lichtausbeute reduzieren. Auch Rücklichtbirnen sollten Sie nach dem Einschrauben abwischen.

4 Ist die Birne nicht durchgebrannt, kann der Fehler an der Lampenfassung liegen. Sehen Sie sich die Fassung genau an: Ist sie sauber, sind alle Kontaktstellen metallisch blank? Falls nein, reinigen Sie die Fassung, entfernen Sie gegebenenfalls korrodierte matte Stellen durch vorsichtiges Abkratzen. Haben die Kontaktfedern noch genügend Spannung? Falls nein, biegen Sie diese vorsichtig zurecht. Bauen Sie die Lampe wieder zusammen und testen Sie, ob jetzt alles funktioniert.

5 Hat auch das nichts gebracht, kann der Fehler an den Kabelanschlüssen liegen. Sehen Sie sich alle Anschlüsse an der Lampe, am Kabel zu dieser Lampe und am Dynamo an. Sofern das Kabelende aus nacktem Draht besteht, sollte es schön kupferfarben aussehen und aus mehreren einzelnen Drähtchen bestehen. Ist das nicht mehr der Fall, schneiden Sie es ab und entfernen am Ende einige Millimeter die Isolierung. Verwenden Sie, möglichst eine geeignete

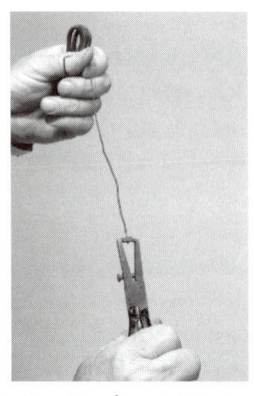

Abisolierzange. Die Anschlüsse an Lampe oder Dynamo – sofern die überhaupt sichtbar sind – sollten ebenfalls blank sein. Kontrollieren Sie auch die Klemmung.

Manchmal ist ein Kabelschuh am Kabelende befestigt. Falls er nicht mehr fest auf seinem Gegenstück sitzt, können Sie mit einer Zange den Kabelschuh vorsichtig ein klein wenig zusammendrücken. Drücken Sie nicht mit zu viel Kraft, sonst lässt er sich gar nicht mehr aufschieben! Ist der Kabelschuh abgerissen, müssen Sie meist einen neuen montieren. Zu kaufen gibt es Kabelschuhe in unterschiedlichen Größen im Elektro- oder Elektronikfachhandel. Wenn Sie zur Montage keine Kabelschuhzange zur Verfügung haben, können Sie auch eine Spitzzange nehmen. Isolieren Sie das Kabel einige Millimeter ab. Legen Sie das abisolierte Ende in die offene Seite des Kabelschuhs – dort, wo kleine Laschen hochstehen. Drücken Sie mit der Spitzzange die Laschen vorsichtig über dem Kabel zusammen. Drücken Sie noch einmal fest auf beide Laschen. Jetzt sollte das Kabel halten. Bei einigen Lampenmodellen gibt es alternative Befestigungsmöglichkeiten. Sehen Sie gegebenenfalls in die Gebrauchsanleitung.

6 Hat alles nicht geholfen, testen Sie die entsprechende Lampe direkt. Hierzu klemmen Sie bitte zunächst die beiden Anschlussdrähte wieder ab. Klemmen Sie stattdessen zwei andere Elektrokabel an – eventuell lassen Sie diese von einem Helfer an die Kontakte halten. Wenn Sie nur einen Anschluss finden, handelt es sich noch um ein altes Lampenmodell. Der zweite Anschluss besteht dann aus der Befestigung am Fahrrad, zum Beispiel der Scheinwerferhalterung oder beim Rücklicht der Befestigungsschraube. Klemmen Sie dann die jeweils freien Enden der Kabel an die Pole der 4,5-V-Batterie, zum Beispiel mit Wäscheklammern. Leuchtet die Lampe auch jetzt noch nicht, liegt ein Defekt der Lampe selbst vor. Diesen zu finden, ist manchmal schwierig. Tauschen Sie lieber gleich die ganze Lampe gegen einen modernen Halogenscheinwerfer bzw. ein Diodenrücklicht mit Nachleuchtfunktion aus. Wenn die Lampe aber leuchtet, ist das Kabel, welches die Lampe mit dem Dynamo verbindet, defekt und muss ausgetauscht werden. Ist das Rücklicht an einem Plastikschutzblech mit integrierten Kabelbahnen an-

geschlossen, kann auch ein Defekt dieser Bahnen oder ein Anschlussproblem daran vorliegen. Verwenden Sie am besten gleich ein von Lampe bis Dynamo durchgehendes, zweiadriges Kabel.

Beide Lampen brennen nicht

1 Ist erst eine Lampe ausgefallen und später die zweite, sind vermutlich beide Birnen durchgebrannt. Wechseln Sie die Birnen wie auf Seite 118 beschrieben aus.

2 Sind beide Lampen gleichzeitig ausgefallen, kann der Dynamo kaputt oder die Kabel lose sein. Oder es liegt ein Kurzschluss vor. Kontrollieren Sie zunächst die Kabel am Dynamoanschluss, isolieren Sie diese gegebenenfalls, wie oben beschrieben, neu ab und befestigen die Kabel neu.

3 Hat dies alles nicht geholfen, testen Sie den Dynamo: Schließen Sie zwei Testkabel an die beiden Anschlüsse am Dynamo. Falls Ihr Dynamo nur einen Anschluss hat, muss das zweite Kabel am besten mittels einer Wäscheklammer an der Halteschraube des Dynamos angebracht werden.

Wenn Ihr Dynamo über vier Anschlussmöglichkeiten verfügt, müssen Sie einen Masseanschluss und einen der anderen

Anschlüsse verwenden. Die anderen Enden der beiden Kabel halten Sie, bzw. ein Helfer an die Unterseite und seitlich ans Fassungsgewinde einer Testbirne. Wichtig ist, dass Sie jetzt den Dynamo nicht zu langsam drehen. Wenn er funktioniert, müsste die Birne leuchten, ansonsten ist er defekt und muss ausgetauscht werden.

4 Liegt es nicht am Dynamo, ist vermutlich ein Kurzschluss die Ursache. Haben Sie einen modernen Dynamo mit vier Anschlüssen, kann es sein, dass Anschlüsse vertauscht wurden. Für Scheinwerfer und Rücklicht müssen jeweils die mit dem Massezeichen gekennzeichneten Anschlüsse mit den Masseanschlüssen am Dynamo verbunden werden, entsprechend die jeweils anderen Anschlüsse. Sie sind häufig mit einem +, x oder einem Kreis gekennzeichnet. Viele zweiadrige Kabel fürs Fahrrad haben an einer Seite eine farbige (weiße) Markierung, sodass Sie die beiden Leitungen eines Kabels unterscheiden können.

Ist alles richtig verkabelt, ist wahrscheinlich eines der Kabel durchgescheuert. Diese Stellen findet man nur schwer; klemmen Sie versuchsweise am Dynamo nacheinander immer eine der Leitungen ab und drehen dann den Dynamo. Leuchtet eine der Lampen plötzlich? Dann ist die abgeklemmte Leitung die Ursache für den Kurzschluss. Tauschen Sie das entsprechende Kabel am besten komplett aus. Alternativ können Sie versuchen, die abgescheuerte Stelle zu finden. Diese kann dann mit Klebeband – reichlich über die Stelle hinaus – umwickelt werden.

Die Lampen flackern, der Dynamo läuft aber gleichmäßig
Dann liegt vermutlich ein Wackelkontakt vor. An einer Kontaktstelle reicht der Kontakt nicht aus. Sehen Sie sich alle Anschlüsse an Dynamo, Scheinwerfer und Rücklicht an. Stellen Sie fest, ob die Kabel noch fest sitzen, indem Sie vorsichtig daran ziehen. Ist alles in Ordnung, kann auch eine Birne in der Fassung wackeln. Öffnen Sie den Scheinwerfer bzw. das Rücklicht wie auf Seite 118 beschrieben und testen Sie, ob die Birne fest sitzt. Diodenlampen lassen sich nicht öffnen, hier sollte kein Wackelkontakt im Innern der Lampe auftreten können. Finden Sie den Fehler nicht, sollten Sie die Verkabelung zweiadrig erneuern.

Schwankende Helligkeit bei konstanter Fahrgeschwindigkeit
Dies liegt vermutlich an einem durchrutschenden Seitendynamo. Dies kann folgende Ursachen haben:
1 Eventuell haben Sie einen falschen Reifen ohne Dynamolauffläche (Riffelung) oder der Reifen ist zu alt und zu glatt: Als Notbehelf können Sie eine Gummikappe für die Dynamolaufrolle kaufen. Besser ist ein neuer Reifen mit entsprechender Lauffläche. Möglicherweise haben Sie auch das Rad falsch herum eingebaut. Manche Reifen (selten) haben nur auf einer Seite eine Riffelung für den Dynamo.
2 Die Andruckkraft des Dynamos ist zu klein: Bei hochwertigen Seitendynamos kann die Andruckkraft nachträglich nachgestellt oder die Andruckfeder erneuert werden. An-

dernfalls müssen Sie einen neuen Dynamo kaufen.

3 Die Dynamolaufrolle ist verschlissen. Bei einigen Modellen ist die Laufrolle austauschbar. Als Notbehelf reicht eine Gummikappe, ansonsten müssen Sie den Dynamo ersetzen.

4 Der Dynamo ist falsch montiert: Grundsätzlich sollte ein Seiten-

dynamo am Hinterrad in Fahrtrichtung montiert sein. Falls Sie an einem älteren Fahrrad ohnehin einen Teil der Lichtanlage wie Dynamo oder Kabel austauschen, richten Sie Ihr Augenmerk auf die Montage des Dynamos. Ist der alte Dynamo noch am Vorderrad, können Sie den neuen meist mit einem Adapter am Hinterrad anbauen. Ob der Dynamo links oder rechts sitzen soll, ist fast immer egal. Montieren Sie den Dynamo so, dass die Laufrolle in zurückgeklapptem Zustand knapp 1 cm Abstand zum Reifen hat. Wenn der Dynamo eingeschaltet wird, sollte die Laufrolle exakt auf der Riffelung des Reifens (der Dynamolauffläche) liegen, und zwar so, dass die Laufrolle genau parallel zur Riffelung liegt und zudem flächig, also nicht nur an einer Seite, aufliegt (siehe Bild).

5 Sie haben einen Dynamo von minderwertiger Qualität: So manch billiger Dynamo rutscht von Anfang an durch, da hilft leider nur eins: Kaufen Sie einen besseren Dynamo.

Tipps für Automatikschaltungen bei Nabendynamos

Hat Ihr Fahrrad einen Nabendynamo, liefert dieser während der Fahrt immer Strom. Damit nun das Licht nicht dauernd brennt, gibt es entweder einen Schalter oder einen Sensor, der die Umgebungshelligkeit misst oder beides. Sensor und Schalter befinden sich normalerweise am Scheinwerfer. Meist haben Sie drei Einstellungsmöglichkeiten: „Licht dauernd ein", „Licht dauernd aus" oder „Automatik". Wenn die Beleuchtung an Ihrem Fahrrad mit einer solchen Einrichtung nicht funktioniert, sollten Sie zunächst kontrollieren, wo der Schalter steht. Testen Sie, ob das Licht in Schalterstellung „Licht dauernd ein" funktioniert. Ist das der Fall und leuchtet es bei Schalterstellung „Automatik" auch bei Dunkelheit nicht, ist vermutlich der Sensor bzw. die zugehörige Elektronik defekt. Dies können Sie nicht selbst reparieren. Leuchtet das Licht in keinem Fall, kann eine der oben beschriebenen Ursachen vorliegen. Abweichend zu den dortigen Beschreibungen haben Nabendynamos in der Regel zwei Anschlüsse für ein zweiadriges Kabel, das an den Scheinwerfer führt. Von hier geht ein weiteres zweiadriges Kabel an das Rücklicht, das heißt, der Scheinwerfer hat vier Anschlüsse.

Die Birnen der Lampen und die Fassungen prüfen Sie einfach genauso wie es auf Seite 118 beschrieben ist. Auch die Funktionsfähigkeit des Dynamos und aller Anschlüsse können Sie, wie auf Seite 122 für den Seitendynamo beschrieben, prüfen.

Abweichungen ergeben sich beim Test der Lampen direkt. Für das Rücklicht funktioniert das, wie dies auf Seite 118 beschrieben ist. Um den Scheinwerfer allein zu testen, klemmen Sie alle Kabel am Scheinwerfer ab. Merken oder notieren Sie sich dabei, welche Leitung wo angeschlossen war.

Schließen Sie dann am Scheinwerfer an den Anschlüssen für den Dynamo – sehen Sie in der Gebrauchsanleitung zum Fahrrad nach, welche Anschlüsse für den Dynamo und welche für das Rücklicht sind – die beiden Testkabel wie oben beschrieben an. Klemmen Sie dann die jeweils freien Enden der Kabel an die Pole der 4,5-V-Batterie. Testen Sie nun die verschiedenen Schalterstellungen, am besten im Dunkeln. Wenn der Scheinwerfer so nicht funktioniert, die Birne aber in Ordnung ist, ist der Scheinwerfer defekt und muss ausgetauscht werden.

Batterie-/Akku-Lampen

Offiziell sind Batterie-/Akku-Lampen an Fahrrädern in Deutschland nur an Rennrädern erlaubt.

Es gibt hierbei zahlreiche Systeme, die miteinander nicht kompatibel sind. Besonders praktisch sind Systeme, bei denen keine eigenen Halter montiert werden müssen, sondern die Lampe direkt auf den Lenker bzw. an ein Rahmenteil befestigt bzw. angesteckt werden kann. Wenn Sie Batterie-/Akku-Lampen kaufen wollen, sollten Sie auf folgende Merkmale achten:

Steck-Scheinwerfer mit Glühbirne

Kaufen Sie nur solche Lampen, die entweder mit einer normalen Halogenbirne für Fahrradleuchten (6 V, 2,4 W) oder mit einer leistungsstärkeren Halogenbirne ausgestattet sind, damit Sie beim Radfahren ausreichend Licht zur Verfügung haben.

Für die Stromversorgung kommen nur Akkus in Frage; vermeiden Sie den Kauf von Schweinwerfern mit Batteriebetrieb. Achten Sie des Weiteren wie bei den fest montierten Scheinwerfern auf gleichmäßige Fahrbahnausleuchtung.

Steck-Scheinwerfer mit Leuchtdioden (LEDs)

Achten Sie auch hier auf eine möglichst gleichmäßige Aus-leuchtung der Fahr-bahn und eine Strom-versorgung – letzteres mittels Akku statt Batterien.

Steck-Rücklichter

Steck-Rücklichter werden heutzutage nahezu ausschließlich mit LEDs betrieben. Das ist deshalb sinnvoll, da diese mehr Licht bei geringerem Strombedarf liefern. Hierbei kommen sowohl Modelle mit Akkus als auch solche mit Batterien in Frage. Blinkende LED-Rücklichter sind zwar

sehr auffällig und gut
sichtbar, aber leider ver-
boten!

  Achten Sie beim Kauf
nicht nur auf die Hel-
ligkeit der Rücklichter,
sondern vor allem da-
rauf, dass auch zu beiden Seiten genügend Licht sichtbar
ist. Das ist wichtig in Kurven.

Akkusysteme

Seit einigen Jahren (Stand 2006) gibt es auch Akkusysteme
für Scheinwerfer, die für Rennräder zugelassen sind. Bei
diesen Akkusystemen wird ein Akkupack getrennt, zum
Beispiel in einer Trinkflasche oder einer Fahrradtasche, am
Fahrrad angebracht. Ein Kabel mit Steckanschluss führt zu
einem oder mehreren meist fest installierten Scheinwerfern.

  Der Vorteil bei diesen Akkusystemen besteht darin, dass
dabei meist leistungsstärkere Scheinwerfer Verwendung
finden. Manche Akkusysteme ermöglichen außerdem eine
Umschaltung der Leistung von Spar- auf Normalbetrieb
oder sie verfügen über zwei Scheinwerfer unterschiedlicher
Leistung.

  Achten Sie beim Kauf auf die Leuchtdauer der Akkusysteme; dies ist ein Qualitätsmerkmal: Es sollten mindestens
drei Stunden Leuchtdauer sein.

Einige rechtliche Aspekte des Radfahrens

Im Straßenverkehr gelten Regeln. Sie sind in der Straßenverkehrsordnung (StVO) festgeschrieben und beziehen sich auf alle Verkehrsteilnehmer, also selbstverständlich auch auf Radfahrer. Hier finden Sie einige interessante und nützliche Beispiele aus der Rechtsprechung, die Ihnen zeigen, wo auf rechtlichem Gebiet die Gefahren für Radfahrer lauern können.

An erster Stelle ist hier das Befahren von Radwegen zu nennen. Zu diesem Thema gibt es mittlerweile eine ganze Reihe von Urteilen (und natürlich lange und hitzige Diskussionen). Die StVO sagt hier, dass Sie Radwege, die mit einem Radwegeschild gekennzeichnet sind, auch benutzen müssen.

Um eine solche Kennzeichnung als Radweg zu erhalten, muss der Radweg seit dem 01. 09. 1997 einige Mindestanforderungen erfüllen: So muss er eine Mindestbreite von 1,50 m (bei kombinierten Geh- und Radwegen von 2,50 m) aufweisen. Außerdem soll er über eine glatte Oberfläche verfügen.

Wie sieht es nun aus, wenn Sie auf einem Radweg, der nicht als Zweirichtungsradweg gekennzeichnet ist, als „Geisterfahrer" unterwegs sind, also die falsche Straßenseite benutzen? Hier unterscheidet das Gesetz sehr viele Sonderfälle. Wer zum Beispiel einen Radweg in der falschen Richtung befährt und dabei mit einem anderen Radfahrer zusammenstößt, muss selbst dann für zwei Drittel der Unfallfolgen haften, wenn der Entgegenkommende zu schnell und unaufmerksam gefahren ist. Stößt der Radfahrer mit einem Auto zusammen, scheint die Rechtslage nicht eindeutig zu sein. So haben die Gerichte bereits entschieden, dass Autofahrer auch auf Fahrradfahrer, die aus der falschen Richtung kommen, achten müssen.

In anderen Urteilen heißt es, dass „Geister-Fahrradfahrer" bei Unfällen mit Autos für den vollen Schaden an den Kraftfahrzeugen aufkommen müssen. Unabhängig davon empfiehlt es sich auf jeden Fall, auch auf dem Radweg die richtige Straßenseite zu benutzen. Ein Radfahrer, der auf dem Fußweg, statt auf dem Radweg fährt, muss bei einem Unfall selbst die entstandenen Schäden zahlen.

Der Grundsatz, wer auffährt, der hat die Schuld, gilt auch für Unfälle, in die Radfahrer und Autos verwickelt sind. So hat das Oberlandesgericht (OLG) Celle entschieden, dass ein Radler allein für den Schaden aufkommen muss, wenn ein Sachverständiger klären kann, dass der Autofahrer nicht gebremst hat und der Radfahrer genügend Platz zum Ausweichen gehabt hätte.

Beim Überholen anderer Verkehrsteilnehmer (insbesondere anderer Fahrradfahrer und Fußgänger) sollten Radler stets genug Abstand halten. Das OLG Hamm hat diesbezüglich zum Beispiel in einem seiner Urteile einen Sicherheitsabstand von 50 cm vorgeschrieben.

Auch das Thema Radfahren im alkoholisierten Zustand darf nicht ausgespart werden. Grundsätzlich ist es natürlich so, dass man sich, nachdem man Alkohol zu sich genommen hat, auch nicht auf das Fahrrad setzen sollte, da die Verkehrstauglichkeit durch den Genuss des Alkohols bereits erheblich abgenommen hat, was verstärkt zu Unfällen führt.

Auch die Rechtsprechung ist hier eindeutig: Für die Unfallfolgen muss für gewöhnlich auf jeden Fall der alkoholisierte Radfahrer haften. Darüber hinaus kann ihm auch der Führerschein entzogen werden. Auch können Gerichte ein Fahrverbot für das Fahrrad aussprechen und dem Fahrer zum so genannten „Idiotentest" schicken. Diese Maßnahmen liegen aber im Ermessen der Gerichte und richten sich natürlich nach der Schwere des Vergehens, das heißt, nach der Menge des konsumierten Alkohols. Dennoch sollte man sich einen einfachen Grundsatz zu eigen machen: Wer Geld für einen Vollrausch hat, hat auch das Geld für ein Taxi.

Schließlich gibt es auch für Radfahrer den Tatbestand „Fahren mit überhöhter Geschwindigkeit". Ein Rennradfahrer, der mit einer Geschwindigkeit von 45 km/h in Rennfahrerhaltung über den Lenker gebeugt auf einer innerörtlichen Straße mit einem Fußgänger kollidierte, der die Fahrbahn überqueren wollte, wurde vom OLG Karlsruhe wegen überhöhter Geschwindigkeit dazu verurteilt, 50 Prozent des Schadens zu tragen.

Antrieb

Während Carl von Drais sich bei der Entwicklung seiner Draisine nur wenige Gedanken über den Antrieb seines Gefährts machen musste – dieses erste Fahrrad wurde mit den Füßen angetrieben, die dabei ganz gewöhnlich über dem Boden liefen –, stellt die Antriebseinheit eines modernen Zweirads ein kompliziertes Gebilde dar, das gut gepflegt werden sollte. Pedale, Kette und Schaltung tragen ganz entscheidend zur Qualität des gesamten Fahrrads bei. Sind sie gut im Schuss, steht dem Fahrvergnügen eigentlich nichts im Wege. Hier erfahren Sie, wie Sie die Antriebskomponenten pflegen und wie Sie die wichtigsten Reparaturen selbst ausführen können.

Die Kette

Für den Antrieb stellt die Kette eines der wichtigsten Bauteile dar. Sie überträgt die Kraft der Pedale auf das Hinterrad. Dabei wirken enorme Kräfte auf die einzelnen Kettenglieder. Bei Rädern mit Kettenschaltung wird sie durch das Schalten von einem Ritzel bzw. Kettenblatt auf das nächste noch zusätzlich belastet. Sie sollten deshalb stets darauf achten, dass die Kette Ihres Fahrrads gut gepflegt und geschmeidig ist.

Auch bei den Fahrradketten gibt es verschiedene Modelle, sodass nicht jede Kette auf jedes Fahrrad passt. Auf den Laschen der einzelnen Kettenglieder finden Sie den Namen des Herstellers. Die gebräuchlichsten Hersteller sind Sedis, Sachs, Taya und Shimano. Dabei bedienen sich die drei erst genannten Hersteller der gleichen Technik, die Shimano-Ketten sehen anders aus und erfordern bisweilen andere Werkzeuge. Außerdem unterscheiden sich auch die Ketten bei Rädern mit Kettenschaltung und Rädern mit Naben-schaltung. Die „Innenmaße" (Lochbreite) der Ketten für Nabenschaltungen sind mit einer Breite von 3,2 mm deutlich breiter als die für Kettenschaltungen (2,4 mm). Achten Sie beim Kauf einer neuen Kette oder von Ersatzteilen also immer darauf, welche Kette an Ihrem Fahrrad montiert ist. Fragen Sie im Zweifelsfall den Fachhändler, bevor Sie un-brauchbare Ersatzteile einkaufen.

Kette pflegen
Sie sollten die Kette Ihres Fahrrads regelmäßig reinigen und neu schmieren. Auf dem Markt sind spezielle Ketten-reinigungsgeräte erhältlich, die man in die Kette einhakt und die sie dann mit Bürsten und einem speziellen Rei-nigungsmittel beim Treten reinigen. Diese Geräte sind recht einfach zu bedienen und nicht teuer. Anstelle des Rei-nigungsmittels können Sie auch einen herkömmlichen Fett-löser verwenden.

Diese Prozedur lässt sich natürlich auch von Hand erle-digen. Ist Ihre Kette stark verschmutzt, empfiehlt es sich, sie zunächst mir einem Schlauch abzuspülen. Das gilt auch für die Ritzel und Kettenblätter, die in einem solchen Fall für gewöhnlich auch deutliche Verschmutzungen aufweisen dürften. Dann können Sie die Kette mit einem Tuch gründlich sauber reiben. Um nun die Zwischenräume zu reinigen – das funktioniert mit dem Tuch nicht mehr –, sprühen Sie die Kette mit einem Fettlöser ein und benutzen am besten eine alte Zahnbürste.

Ist die Kette sauber, können Sie diese mit Sprühöl schmieren. Außerdem sollten Sie beim Ritzel ein wenig zähflüssiges Öl auf die Kette geben und die Pedale drehen. Bei Kettenschaltungen drehen Sie diese rückwärts, bei Nabenschaltungen müssen Sie das Rad vorher auf Lenker und Sattel stellen. Auf diese Weise schmieren Sie gleichzeitig auch die Ritzel.

Ketten wechseln
Der Aus- und Einbau einer Kette wird in zwei Fällen nötig: Stark verschmutzte oder verrostete Ketten müssen in Petroleum eingelegt werden, um sie wieder geschmeidig zu machen. Für diese Spezialreinigung müssen Sie die Kette natürlich ausbauen. Defekte Ketten müssen komplett ausgetauscht werden.

Räder mit Nabenschaltung oder ohne Schaltung
Die Ketten an Fahrrädern mit Nabenschaltung oder ohne Gangschaltung haben ein Kettenschloss. Dieses Schloss ist leicht zu finden, da es das einzige Kettenglied ist, das sich deutlich von den anderen unterscheidet. Auf dem folgenden Bild sehen Sie ein typisches Kettenschloss.

Benötigtes Werkzeug
Schraubenzieher, Zange.

Arbeitsschritte

1 Bauen Sie gegebenenfalls den
Kettenschutz ab. Das erleichtert
die Arbeit an der Kette.

2 Suchen Sie das Kettenschloss.

3 Drücken Sie mit einer Flachzan-
ge die Verschlusslasche aus der
Nut in den beiden Kettenbolzen.

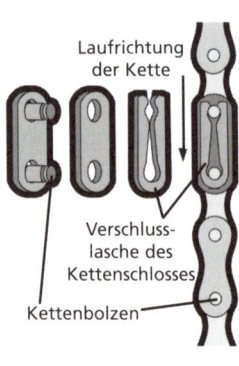

4 Ziehen Sie die Deckplatte mit der Hand ab.

5 Nun können Sie das eigentliche Kettenschloss nach hinten
wegziehen. Die Kette ist geöffnet.

Der Einbau der gereinigten bzw. einer neuen Kette erfolgt
dann in genau umgekehrter Reihenfolge. Achten Sie aber
darauf, die Verschlusslasche so einzubauen, dass ihr geschlos-
senes Ende in die Laufrichtung der Kette zeigt.

Räder mit Kettenschaltung

Hier ist der Fall nicht ganz so einfach, aber keine Sorge: Zu kompliziert wird es auch nicht, sodass Sie
die folgende Reparatur leicht um-
setzen können.

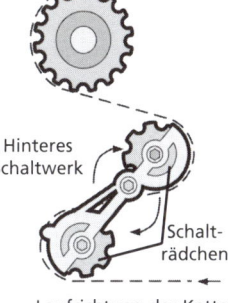

Hinteres
Schaltwerk

Schalt-
rädchen

Benötigtes Werkzeug
Kettennieter bzw. Nietbolzen (für
Shimano-Ketten), Zange.

Laufrichtung der Kette

Arbeitsschritte

1 Sehen Sie sich zunächst an, wie die Kette am hinteren
Schaltwerk um die einzelnen Rädchen geführt wird. Sehen
Sie sich dazu auch das Bild rechts oben an.

2 Wenn die Kette über kein Kettenschloss (zum Beispiel „Mis-
sing-Link") verfügt, können Sie problemlos ein beliebiges
Kettenglied entfernen.

3 Legen Sie die Kette dazu in den Kettennieter. Drehen Sie
nun den Nietstift so weit hinein, bis er genau mittig in der
Vertiefung sitzt, an der sich der Bolzen eines Kettengliedes
befindet.

4 Drehen Sie jetzt den Griff des Kettennieters. Drücken Sie
den Kettenbolzen dabei nicht ganz heraus, denn dann
können Sie die Kette später dort wieder bequem einhaken,
wenn Sie diese zusammenbauen möchten. Sie können die
Kette öffnen, indem Sie diese leicht zur Seite drehen.

Bei Shimano-Ketten müssen Sie darauf achten, niemals einen schwarzen Kettenbolzen zu entfernen. Ansonsten setzen Sie auch hier den Nietbolzen so an, wie oben beschrieben. Nun müssen sie mit viel Kraft den Kettenbolzen ganz herausdrücken.

Beim Einbau gehen Sie in umgekehrter Reihenfolge vor. Beim Aufziehen der Kette ist es am einfachsten, wenn Sie die Kette vorn über das größte Kettenblatt und hinten über das kleinste Ritzel legen. Bringen Sie dabei auch die Schalthebel in die entsprechende Position.

Lediglich bei der Shimano-Kette sind ein paar Besonderheiten zu beachten. Hier müssen Sie einen schwarzen Kettenbolzen – den bekommen Sie beim Händler – verwenden, um die Kette wieder zu schließen. Drücken Sie den Bolzen so weit in das Kettenglied, bis er auf der Gegenseite sichtbar wird. Das überstehende Ende des Bolzens – er ist nämlich wesentlich länger als benötigt – müssen Sie nun mit einer Zange abbrechen und schließlich mit einer Feile die Bruchstelle glätten.

Korrekte Kettenlänge ermitteln

Ketten für Fahrräder mit Kettenschaltungen sind häufig zu lang und müssen auf die korrekte Länge gekürzt werden. Die korrekte Länge lässt sich dabei einfach ermitteln: Zählen Sie die Anzahl der Kettenglieder der alten Kette ab oder legen Sie testweise die Kette vorn auf das große Kettenrad und hinten auf das große Ritzel. Die Kette hat dann die richtige Länge, wenn der Käfig mit den Schaltungsrädchen am hinteren Schaltwerk genau um 45 Grad nach vorn zeigt.

Ritzel und Kettenblätter

Für das korrekte Arbeiten Ihrer Kettenschaltung sind einwandfreie Ritzel, die Zahnkränze hinten, und Kettenblätter, die großen Zahnräder vorn bei den Pedalen, unabdingbar. Wie alle viel strapazierten mechanischen Teile unterliegen aber auch diese Zahnräder einem gewissen Verschleiß. Spätestens, wenn die Kette keinen guten Halt mehr auf den Zahnrädern findet und immer wieder überspringt oder durchrutscht, müssen diese Bauteile erneuert werden.

Ritzel demontieren

Man unterscheidet zwei verschiedene Arten von Ritzelpaketen: Schraubzahnkränze und Kassettenzahnkränze. Letztgenannte sind vor allem dort im Einsatz, wo mehr als acht Zahnräder das Ritzelpaket bilden. Da beide Bauweisen gleichermaßen gebräuchlich sind, werden hier für jede Art von Ritzelpaket die nötigen Handgriffe beschrieben.

Schraubzahnkränze demontieren

Benötigtes Werkzeug

Maulschlüssel, Zahnkranzabzieher, Gabelschlüssel, eventuell Zange.

Arbeitsschritte

1 Entfernen Sie die Radmutter, bei einem Schnellspanner müssen Sie die Rändelmutter entfernen.

2 Setzen Sie den Zahnkranz-abzieher so in die Ausspa-rungen des Ritzelpakets, dass dieser nicht abrutschen kann. Hierbei ist unbedingt Sorgfalt nötig!

3 Drehen Sie nun die Rad-mutter bzw. die Rändel-mutter leicht gegen den Zahnkranzabzieher fest, sodass er nicht mehr ver-rutschen kann.

4 Halten Sie den Zahn-kranzabzieher mit einem Gabelschlüssel gut fest und drehen Sie das Hinterrad kräftig 2 bis 3 cm gegen den Uhrzeiger-sinn. Hier ist es günstig, wenn Sie sich Hilfe von einer zweiten Person holen. Sie können aber auch den Zahnkranzabzieher in einen fest stehenden Schraubstock einspannen und das Rad dann drehen.

5 Nun können Sie die Radmutter wieder entfernen und den Zahnkranz von Hand herunterdrehen.

Kassettenzahnkränze demontieren

Benötigtes Werkzeug

Maulschlüssel, Zahnkranzabzieher, Gabelschlüssel, Kettenpeitsche, eventuell Zange.

Arbeitsschritte

1 Entfernen Sie die Radmutter, bei einem Schnellspanner müssen Sie die Rändelmutter entfernen.

2 Setzen Sie den Zahnkranzabzieher so in die Aussparungen des Sicherungsrings, der vor dem Zahnkranz sitzt, dass dieser nicht abrutschen kann. Hier ist unbedingt Sorgfalt nötig! Schrauben Sie die Radmutter oder die Rändelmutter des Schnellspanners wieder auf.

3 Legen Sie das Kettenstück der Kettenpeitsche um das mittlere Zahnrad, und zwar so, dass Sie den Zahnkranz im Uhrzeigersinn drehen können. Setzen Sie nun den Gabelschlüssel am Zahnkranzabzieher an. Drücken Sie das Hinterrad auf den Boden.

4 Drehen Sie jetzt den Gabelschlüssel im Uhrzeigersinn und lösen Sie so den Sicherungsring. Es kann hierbei günstig sein, eine weitere Person zur Hilfe zu holen.

5 Entfernen Sie nun wieder die Radmutter. Sie können jetzt problemlos den Sicherungsring und anschließend das Ritzelpaket abziehen.

Ritzel einbauen

Um die verschiedenen Ritzelpakete wieder zu montieren, können Sie die Arbeitsschritte von Seite 139 ff. in umgekehrter Reihenfolge ausführen. Achten Sie dabei auf vorsichtiges und sorgfältiges Arbeiten, damit weder die Nabe noch die Ritzel beschädigt werden.

Freilaufkörper montieren und demontieren

Bei den Schraubzahnkränzen ist der Freilaufkörper ein Bestandteil des Ritzels. Sie demontieren und montieren ihn also automatisch mit.

Die Montage und Demontage des Freilaufkörpers bei Kassettenzahnkränzen hingegen zählt zu den schwierigsten Arbeiten, die an einem Fahrrad überhaupt ausgeführt werden können. Deshalb sollten Sie diese Arbeit auf jeden Fall einem Reparaturfachmann überlassen.

Ritzel bei Nabenschaltung austauschen

Der Aus- und Einbau des Ritzels bei einer Nabenschaltung ist recht einfach.

Benötigtes Werkzeug
Schraubenzieher

Arbeitsschritte

1 Legen Sie das Rad auf den Boden.

2 Das Ritzel ist durch einen Sprengring gesichert. Diesen Ring müssen Sie mit einem Schraubenzieher loshebeln. Da der Ring recht fest sitzt, kann das Loshebeln eine beschwerliche Aufgabe sein.

3 Haben Sie den Sprengring gelöst, können Sie das Ritzel von der Achse ziehen. Manchmal kann es nötig sein, mit einem Schraubenzieher ein wenig nachzuhelfen.

Beim Einbau gehen Sie einfach in umgekehrter Reihenfolge vor. Achten Sie dabei darauf, dass die tellerförmige Ausbuchtung des Ritzels zur Speichenseite zeigt. Der Sprengring rastet merklich ein, wenn er richtig sitzt.

Kettenblätter austauschen

Der Austausch der Kettenblätter, also der vorderen Zahnräder, ist wesentlich unspektakulärer als die gleiche Arbeit an den hinteren Ritzelpaketen. Er ist vor allem dann nötig, wenn die einzelnen Zähne der Kettenblätter deutlich abgeschliffen sind und der Kette nicht mehr genug Halt bieten.

Räder mit Nabenschaltung

Hier sind die Kettenblätter fest mit der rechten Tretkurbel vernietet und müssen mit dieser zusammen ausgetauscht werden. Wie das geht, erfahren Sie auf Seite 158.

Räder mit Kettenschaltung

Bei Rädern mit Kettenschaltung ist die rechte Tretkurbel mit dem so genannten Kurbelstern verbunden. Auf ihn sind die Kettenblätter aufgeschraubt. Wenn Sie die Schrauben entweder mit einem Innensechskantschlüssel oder einem entsprechenden Schraubenschlüssel – hier unterscheiden sich die Bauarten je nach Hersteller – gelöst haben, können Sie die Kettenblätter einfach über die Kurbel ziehen. Bei drei Kettenblättern müssen Sie allerdings vor der De-montage des kleinsten Kettenblattes die rechte Kurbel lösen und von der Innenlagerachse abziehen. Zur Montage setzen Sie einfach die neuen Kettenblätter auf und schrauben sie wieder fest.

Gangschaltungen einstellen und reparieren

Fast jedes moderne Fahrrad verfügt über eine Gangschal-tung, die für einen größeren Fahrkomfort sorgt. Damit das Vergnügen ungetrübt bleibt, müssen die Schaltungen hin und wieder gewartet und neu eingestellt werden. Auch können die Schaltzüge reißen und bedürfen dann einer Er-neuerung. Welche Arbeiten an der Gangschaltung anfallen und wie Sie diese erledigen können, erfahren Sie nun.

Nabenschaltung

Eine Nabenschaltung ist so konstruiert, dass sie sehr wartungsarm funktioniert. Die Nabe selbst, in der sich das so genannte Planetengetriebe, also die eigentliche Schaltung, befindet, sollte lange problemlos laufen. Wenn sich hier Schwierigkeiten ergeben, ist es ratsam, einen Fachmann aufzusuchen, da der Auseinanderbau einer Nabenschaltung höchst kompliziert ist und dem Hobbymechaniker zu Hause nur selten gelingt.

Schaltzug ein- und ausbauen

Immer, wenn Sie das Hinterrad ausbauen wollen, müssen Sie auch den Schaltzug entfernen, um überhaupt die Radmutter drehen zu können. Hier gibt es die verschiedensten Techniken. Zumeist ist es direkt ersichtlich, wie das Seil losgeschraubt oder ausgehängt werden kann. Merken Sie sich in solchen Fällen jedoch lediglich, wie das Seil genau befestigt war, damit Sie beim Einbau keine bösen Überraschungen erleben. Einige der am weitesten verbreiteten Systeme werden Ihnen auf den folgenden Seiten vorgestellt.

Sachs-7-Gang-Schaltung

Diese Schaltung ist weit verbreitet. Sie erkennen sie an ihrer etwas voluminösen Clickbox, die an der rechten Seite der Hinterradnabe befestigt ist. Diese Clickbox müssen Sie entfernen, um die Radmutter erreichen zu können oder um den Schaltzug auszutauschen. Da- zu drehen Sie die Fi- xierschrauben am hinteren Ende der Clickbox heraus und ziehen die Box von der Achse. Diese

Schaltungen sind einfach zu bedienen, haben allerdings den Nachteil, dass Sie den Schaltzug weder am Schalthebel noch an der Clickbox lösen können. Das bedeutet, dass Sie im Fall eines Schadens am Schaltzug die komplette Einheit inklusive der Außenhülle austauschen müssen.

3-Gang-Naben

Hier ist das Zugkettchen, das sich zwischen Schaltzug und Nabe befindet, häufig über eine schwarze Kunststoffhülse mit dem Schaltzug verbunden. Diese Hülse können Sie ein- fach mit einem Klickmechanismus vom Kettchen ziehen. Der Schaltzug selbst ist mit einer Innensechskantschraube in der Hülse befestigt. Auch hier ist der Austausch eine einfache Angelegenheit. Allerdings gibt es auch in diesem Bereich keine Regel ohne Ausnahme: Bei älteren Modellen von Fichtel & Sachs/SRAM sowie bei Shimano ist der Schaltzug fest mit einer Fixierhülse aus Metall verbunden. Hier müssen Sie dann den Zug wiederum komplett mit Fixierhülse und Außenhülle austauschen.

4- und 8-Gang-Schaltung von Shimano
Bei der 4-Gang-Schaltung ist der Zug mit einem Bolzen an der Schaltung festgehakt. Merken Sie sich beim Entfernen die genaue Zugführung. Bei der 8-Gang-Schaltung ist die Zugführung sehr ähnlich. Hier ist der Schaltzug aber mit einer kleinen Schraube fixiert, die Sie zunächst lösen müssen.

Schalthebel
Auch bei den Schalthebeln gibt es verschiedene Modelle. Viele von ihnen lassen sich nicht öffnen und müssen wie bei der bereits erwähnten Sachs-7-Gang-Schaltung zusammen mit dem Schaltzug ausgewechselt werden. Bei einigen Modellen können Sie indes doch den Schaltzug ausbauen. Es gibt hier aber mittlerweile so viele verschiedene Bauarten, dass an dieser Stelle keine allgemein gültige Anleitung gegeben werden kann. Sie müssen auf jeden Fall den jeweiligen Schalthebel öffnen. Dann sehen Sie für gewöhnlich bereits den Verlauf des Schaltzuges. Er wird häufig, ähnlich wie die Bremszüge, in den Schalthebel eingehängt, bisweilen jedoch vorher über einige Umlenkrollen geführt.

Schaltung einstellen
Nicht alle Nabenschaltungen erfordern die genaue Einstellung der einzelnen Gänge. Um eine Nabenschaltung einzustellen, müssen Sie jeweils einen bestimmten Gang einlegen. Der folgenden Tabelle können Sie entnehmen, welcher Gang

das bei welchem Modell ist (bei den anderen Modellen ist eine Einstellung nicht nötig).

F & S 3-Gang-Nabe	3. Gang
Andere 3-Gang-Naben	2. Gang
4-Gang-Nabe	4. Gang
5-Gang-Nabe, 2 Züge	4. Gang
5-Gang-Nabe, 1 Zug	5. Gang
8-Gang-Nabe, Shimano	4. Gang

3- und 5-Gang-Schaltungen
1 Schalten Sie den gewünschten Gang ein und drehen die Tretkurbel bei angehobenen Hinterrad ein- bis zweimal. Die nächsten Schritte unterscheiden sich wieder je nach Hersteller.

Fichtel & Sachs / SRAM
2 Schrauben oder stecken Sie – je nach Modell – die Fixier-hülse so weit auf das Zugkettchen, dass der Schaltzug so eben gespannt ist. Achten Sie darauf, dass das Schaltkett-chen dabei nicht aus der Nabe gezogen wird. Dies ist die korrekte Einstellung.

Sturmey-Archer
2 Sehen Sie in die Öffnung der Hohlmutter an der rechten Seite der Achse. Das Ende des Stiftes muss genau mit dem Achsende übereinstimmen. Ist dies nicht der Fall, müssen Sie das mit der Fixierhülse nachstellen.

Shimano

2 Bei der Shimano-Nabe muss bei korrekter Einstellung genau mittig im Fensterchen am Hebelmechanismus ein N (für „Normalgang") zu sehen sein.

Shimano-4- und 8-Gang-Schaltungen

2 Hier befinden sich an der Nabe zwei Markierungen. Schalten Sie den vierten Gang ein und drehen Sie dann die Einstellschraube am Schaltgriff so weit, dass sich diese beiden Markierungen genau gegenüber stehen.

Kettenschaltung

Auf den ersten Blick sieht es so aus, als wären Kettenschaltungen komplizierte Gebilde, die aus vielen Zahnrädern und Hebeln bestehen. Wer sich aber intensiver mit diesem Schaltungstyp beschäftigt, stellt fest, dass Kettenschaltungen eigentlich recht gut zu handhaben sind. Allerdings gibt es auch bei den Kettenschaltungen eine ganze Reihe verschiedener Modelle, deren Wartung und Reparatur sich bisweilen deutlich voneinander unterscheiden. Der Übersichtlichkeit halber steht hier die mittlerweile geläufigste Schaltungsart, die Indexschaltung, im Mittelpunkt.

Ihr Fahrrad verfügt über eine Indexschaltung, wenn jeder Gang mit einem hörbaren Klick einrastet. Die Kette wird – bei richtiger Einstellung der Schaltung – exakt zum richtigen Ritzel befördert. Bei alten Schaltungen ist hier noch eine

Menge Fingerspitzengefühl erforderlich, da die Gänge nicht einrasten.

Schaltwerk pflegen und warten

Das Schaltwerk ist das wichtigste Teil Ihrer Kettenschaltung. Damit es perfekt funktioniert und immer die Gänge schaltet, die Sie schalten möchten, muss es gut gepflegt werden und es sollte stets geschmiert sein. Sie sollten das Schaltwerk jedes Mal dann reinigen und schmieren, wenn Sie auch die Kette pflegen. Darüber hinaus empfiehlt sich die Pflege, wenn Ihre Schaltung nicht mehr ganz sauber und zuverlässig arbeitet.

Sprühen Sie das Schaltwerk mit etwas Öl ein und reiben Sie es mit einem weichen Tuch sauber. Schmieren Sie im Anschluss daran alle beweglichen Teile. Entfernen Sie dann den Schmutz von den Schalträdchen mit einem Schraubenzieher und einem Tuch. Sprühen Sie anschließend die Lagerung der Rädchen mit Öl ein. Schließlich sollten Sie noch den Schaltzug schmieren. Schalten Sie nun den Schalthebel einige Male hin und her, damit sich das Öl gut verteilt. Diese Arbeiten nehmen nur wenige Minuten in Anspruch, tragen aber dazu bei, dass Sie lange Freude an Ihrer Schaltung haben.

Schalträdchen überprüfen

Schalträdchen verschleißen relativ schnell. Sie können recht leicht feststellen, ob die Schalträdchen Ihres Rades verschlissen sind, indem Sie den Schaltkäfig nach vorn ziehen und das untere Schalträdchen von der Kette trennen. Prüfen Sie nun mit dem Finger, ob sich das Schalträdchen seitlich bewegen lässt. Ist dies der Fall, dann ist es verschlissen (mit Ausnahme bei Shimano-Schaltungen) und Sie sollten es erneuern. Auf die gleiche Weise können Sie auch überprüfen, ob das obere Rädchen ausgetauscht werden muss.

Schaltwerk austauschen
Wenn Sie die Schalträdchen erneuern wollen oder wenn das Schaltwerk, beispielsweise nach einem Sturz, defekt ist, dann müssen Sie es austauschen.

Benötigtes Werkzeug
Innensechskantschlüssel, gegebenenfalls Schraubenzieher, Schraubenschlüssel.

Arbeitsschritte
1 Entfernen Sie zunächst die Kette und den Schaltzug, indem Sie die Feststellschrauben lösen und den Zug herausziehen.
2 Halten Sie das Schaltwerk fest und lösen Sie mit einem Innensechskantschlüssel die Befestigungsschraube.
3 Ältere Schaltwerke lassen sich nun leicht auseinander bauen. Sie können auch die verschlissenen Schalträdchen erneuern. Moderne Schaltwerke bereiten da wesentlich mehr Schwierigkeiten und sollten bei Problemen am besten komplett ausgetauscht werden.

4 Im Anschluss daran können Sie das reparierte bzw. das neu gekaufte Schaltwerk wieder problemlos an den Rahmen schrauben.

5 Befestigen Sie noch den Schaltzug am Schaltwerk. Danach sollten Sie die Schaltung neu einstellen.

Schaltwerk einstellen

Um das Schaltwerk einer Indexschaltung einzustellen, sind zwei verschiedene Arbeitsschritte nötig. Zunächst sollten Sie sichergehen, dass die Indexierung richtig eingestellt ist, das heißt, Sie prüfen, ob die Schalthebel, welche für das Klicken zuständig sind, und die Schaltung richtig synchron laufen. Ansonsten wird die Schaltung nicht korrekt. arbeiten In einem zweiten Schritt geht es dann um die richtige Position des Schaltwerks, damit die Kette nicht von den Ritzeln abspringt.

Position des Schaltwerks einstellen

Um die Position des Schaltwerks einzustellen, müssen Sie die beiden mit H für „High" = hoher Gang und L für „Low" = niedriger Gang gekennzeichneten Schrauben bedienen.

Arbeitsschritte

1 Schalten Sie auf das kleinste Ritzel. Lösen Sie die Feststellschrauben des Schaltzugs. Drehen Sie die Tretkurbeln, bis die Kette auf dem kleinsten Ritzel liegt. Ziehen Sie das Schalt-

werk senkrecht und peilen Sie von hinten über die Schalträdchen zum kleinsten Ritzel.

2 Befinden sich die Schalträdchen links von Ritzel, drehen Sie die Schraube H ein wenig heraus. Befinden sich die Schalträdchen rechts von Ritzel, drehen Sie die Schraube H ein wenig hinein.

3 Drücken Sie das Schaltwerk nach innen und heben Sie die Kette auf das größte Ritzel. Der Schaltkäfig muss nun genau unter der Mitte des Ritzels stehen.

4 Steht der Schaltkäfig rechts vom Ritzel, drehen Sie die Schraube L ein Stück hinein. Steht der Schaltkäfig links von Ritzel, drehen Sie die Schraube L ein Stück heraus.

5 Drehen Sie danach die Pedale. Wenn die Kette schnell und zügig zum kleinsten Ritzel zurückwandert, ist das Schaltwerk korrekt eingestellt und Sie können den Schaltzug mit einer Zange wieder spannen und festschrauben.

Indexierung einstellen

Die korrekte Indexierung können Sie über die Spannung des Schaltzuges regulieren. Dazu finden sie hinten unteren am Schaltwerk eine Einstellschraube.

Arbeitsschritte

1 Schalten Sie die Kette auf das kleinste Ritzel und drehen Sie die Tretkurbel einige Umdrehungen.

2 Falls die Kette in dieser Stellung vom kleinsten Ritzel zu springen droht, drehen Sie die Schraube eine halbe Umdrehung hinein. Hat die Kette die Tendenz, auf das nächst-größere Ritzel zu springen, müssen Sie die Schraube entsprechend eine halbe Umdrehung herausdrehen.

3 Diesen Vorgang wiederholen Sie so oft, bis die Kette sauber auf dem Ritzel läuft.

4 Schalten Sie nun die Kette auf das zweitkleinste Ritzel. Drehen Sie die Einstellschraube nun so lange heraus, bis die Kette zu rasseln beginnt.

5 Drehen Sie nun die Schraube so lange wieder hinein, bis das Rasseln aufhört. Dann ist die Indexierung korrekt eingestellt.

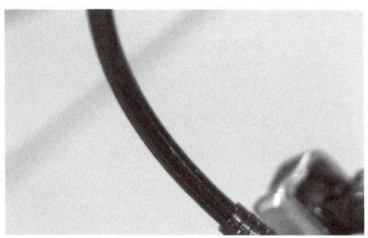

Umwerfer einstellen

Der Umwerfer schaltet die Kette von einem Kettenblatt auf das nächste Blatt. Auch hier finden Sie Einstellschrauben, die mit L und H gekennzeichnet sind.

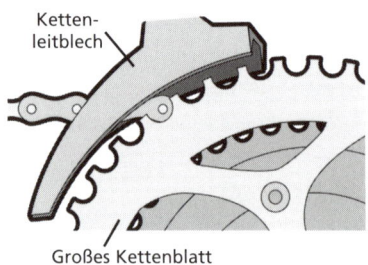

Ketten-leitblech

Großes Kettenblatt

Bei der Einstellung des Umwerfers solten Sie wie folgt vorgehen:

Arbeitsschritte

1 Lösen Sie zuerst den Schaltzug und die Rahmenschelle am Umwerfer. Richten Sie nun den Umwerfer so aus, dass er parallel zu den Kettenblättern steht. Das geht am besten, wenn die Kette auf dem kleinsten Kettenblatt liegt. Schrauben Sie anschließend den Umwerfer mit der Schelle wieder fest.

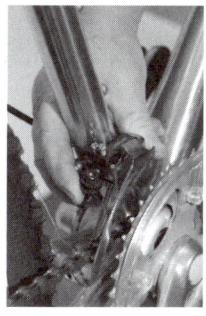

2 Lassen Sie die Kette auf dem kleinsten Kettenblatt liegen. Drehen Sie nun die Schraube L so, dass die Innenseite des Kettenblechs 1 mm von der Kette entfernt ist. Die Kette darf nicht am Umwerfer schleifen.

3 Drücken Sie den Umwerfer mit der Hand nach außen und legen Sie die Kette auf das größte Kettenblatt.

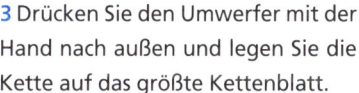

4 Drehen Sie nun die Einstellschraube H so lange, bis der Abstand zwischen Blech und Kette wiederum 1 mm beträgt. Auch hier darf die Kette nicht schleifen.

5 Straffen Sie den Schaltzug und schrauben Sie ihn fest.

Umwerfer austauschen

Der Umwerfer ist mit einer Schelle am Rahmen befestigt. Wenn Sie ihn austauschen möchten, entfernen Sie zunächst den Schaltzug und lösen Sie anschließend die Schraube der

Rahmenschelle. Sie können nun einfach den Umwerfer abbauen, indem Sie die Kette oder den Umwerferkäfig öffnen und ein neues Bauteil an seiner Stelle einsetzen. Stellen Sie zum Schluss den Umwerfer, wie dies ab Seite 154 beschrieben ist, ein und befestigen Sie den Schaltzug wieder.

Schaltzüge wechseln
Das Auswechseln der Schaltzüge unterscheidet sich im Prinzip nicht vom Austauschen der Bremszüge. Lösen Sie auch hier die Züge zunächst am Schaltwerk bzw. am Umwerfer und ziehen ihn dann aus seinen Halterungen und Umlenkrollen. Zuletzt können Sie ihn am Schalthebel aushängen. Die neuen Züge bauen Sie entsprechend vom Hebel an abwärts wieder ein. Nach dieser Prozedur sollten Sie sich davon überzeugen, dass die Schaltung noch präzise schaltet und gegebenenfalls die nötigen Einstellungen vornehmen.

Pedale und Tretlager

Pedale und Pedalarme übertragen die Kraft Ihrer Beine auf die vorderen Kettenblätter. Sie sind daher starken Belastungen ausgesetzt und können leicht verschleißen. In diesem Fall ist natürlich ein Austausch nötig. Auch, wenn Sie das dritte Kettenblatt einer Kettenschaltung entfernen möchten, ist es nötig, den rechten Pedalarm abzubauen. Wie das geht, erfahren Sie auf den folgenden Seiten.

Pedale schmieren

Laufen die Pedale nicht mehr leicht, wird es Zeit, sie neu zu schmieren. Träufeln Sie zu diesem Zweck ein wenig Öl auf das Lager und drehen sie die Pedale einige Male, damit sich das Öl gut verteilt. Nun sollten sie sich wieder problemlos drehen lassen. Wenn es trotzdem noch nicht zu Ihrer Zufriedenheit funktioniert, kann es sein, dass Sie die Pedale auswechseln müssen.

Pedale montieren und demontieren

Es existiert eine Vielzahl an verschiedenen Pedalmodellen. Bei den meisten dieser Modelle sind allerdings die grundlegenden Wartungsarbeiten, wie die Montage und die Demontage sehr ähnlich. Das komplette Auseinanderbauen von Pedalen ist für den normalen Hausgebrauch nicht notwendig und soll deshalb an dieser Stelle ausgespart werden.

Um die Pedale abzuschrauben, benötigen Sie einen Maulschlüssel oder einen speziellen Pedalschlüssel. Setzen Sie diesen Schlüssel an der Pedalachse an und lösen Sie die Pedale. Hierzu werden Sie viel Kraft aufwenden müssen, da die Pedale für gewöhnlich sehr fest sitzen. Steht der Schraubenschlüssel oben, werden die Pedale entgegen der Fahrtrichtung losgeschraubt. Entsprechend schrauben Sie diese in Fahrtrichtung wieder fest.

Bei der Montage von neuen Pedalen setzen Sie wieder den Maulschlüssel oder Pedalschlüssel ein.

Kurbeln demontieren und montieren

Zuweilen ist es notwendig, die Kurbeln abzubauen. Hier gibt es mehrere gängige Modelle, die im Folgenden erläutert werden.

Vierkantkurbeln

Diese Kurbeln sind mit Schrauben fixiert, die einen Sechskantkopf oder Kopf mit Innensechskant (Inbus) haben und können mit einem entsprechenden Schlüssel gelöst werden. Ist die Schraube entfernt, können Sie die Kurbel mit der Hand von der Achse ziehen.

Benötigtes Werkzeug
Maulschlüssel, Kurbelabzieher.

Arbeitsschritte:

1 Die Sechskantschrauben verfügen meist über eine Staubschutzkappe, die Sie erst abziehen müssen, bevor der Schraubenkopf zum Vorschein kommt.

2 Lösen Sie zuerst die Schraube mit einem Steckschlüssel und entfernen Sie anschließend alle Unterlegscheiben.

3 Setzen Sie nun den Kurbelabzieher auf und schrauben ihn locker mit der Hand fest.

4 Setzen Sie einen Maul-schlüssel an und drehen Sie den inneren Teil des Kurbelabziehers hinein. Dieser Vorgang erfordert viel Kraft.

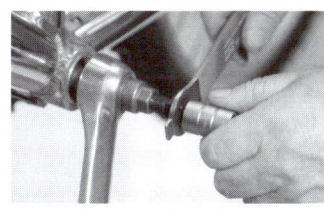

5 Nun können Sie die Kurbel komplett von der Achse ziehen.

Keilkurbeln

Dieses Modell finden Sie vor allem bei älteren Rädern. Die Kurbel wird durch einen verschraubten Keil auf der Achse festgehalten. Lösen Sie zunächst die Mutter und schlagen Sie dann mit einem Hammer kurz und kräftig auf den Keil (auf die Seite mit dem Schraubgewinde). Er sollte nun herausfallen und Sie können die Kurbel lösen.

Die Montage der Kurbeln erfolgt bei allen drei Modellen exakt umgekehrt zum Einbau. Sie sollten sich auf jeden Fall davon überzeugen, dass die Kurbeln korrekt montiert sind und kein Spiel besitzen.

Tretlager

Moderne Tretlager sind für gewöhnlich recht robust und wartungsarm. Sollten Sie hier Unregelmäßigkeiten fest-stellen, ist meist ein neues Tretlager fällig. Das Austauschen des Lagers sollten Sie jedoch einem Fachmann überlassen, da Sie dafür Spezialwerkzeug benötigen und die Feinein-stellungen durchaus knifflig sein können.

Effektive Diebstahl-sicherung

Im Jahr 2005 wurden laut Statistik des Bundeskriminal-amtes fast 400 000 Fahrraddiebstähle gemeldet. Das sind pro Tag fast 1 100. Man kann von einer erheblichen Dunkel-ziffer ausgehen, da sicher nur ein Teil der gestohlenen Fahr-räder auch tatsächlich der Polizei gemeldet wird. Der effektive Schutz gegen Langfinger ist also ein wichtiges Thema.

Aber wie sollte ein solcher Schutz aussehen? Die ein-fachen Schlösser, die werkmäßig an die Fahrräder montiert werden, bieten auf keinen Fall einen wirksamen Schutz gegen Langfinger. Sie lassen sich in den meisten Fällen zu leicht aufbrechen. Eine starke Zange mit Seitenschneider oder ein einfacher Schraubenzieher reichen oft schon aus, um solch ein Schloss zu knacken. Auch Zahlenschlösser bieten keinen wirklichen Schutz. Bei einigen Modellen kann man die richtige Kombination sogar erfühlen, da das Schloss dann einzurasten scheint, andere wiederum lassen sich leicht mit einem Seitenschneider durchschneiden. Das gilt auch für einfache Kabelschlösser, wie die Stiftung Warentest im Jahr 2003 bereits feststellte. Auch hier ge-nügt einfachstes Werkzeug, um dem Schloss den Garaus zu machen.

Bessere Noten erhalten da schon die gepanzerten Ka-belschlösser. Bei ihnen stellt das Stahlseil lediglich den Kern des Schlosses dar. Das Stahlseil ist zudem jedoch mit weiteren Stahlstreifen umwickelt, die ihm eine zusätzliche Stabilität verleihen. Dadurch wird das Kabel zwar etwas dicker und schwieriger zu handhaben, aber Seitenschneider lassen sich beispielsweise kaum noch ansetzen und auch einer Metallsäge bereitet es einige Mühe, das Schloss zu öffnen.

Kettenschlösser bestehen aus einzelnen – mehr oder weniger dicken – Kettengliedern aus Stahl, die häufig mit einem handelsüblichen Vorhängeschloss zusammengehalten werden. Zum Schutz gegen Kratzer am Fahrradrahmen sollten diese Ketten einen Kunststoffmantel besitzen. Insbesondere die etwas größeren Kettenglieder bieten eine recht gute Sicherheit, da bei ihnen mit einem Seitenschneider nichts auszurichten ist. Hierfür ist schon ein Bolzenschneider notwendig, aber dieser lässt sich nicht so einfach und unauffällig in einer Jackentasche transportieren.

Einen sehr guten Schutz bieten auch die schweren Bügelschlösser. Ein solches Schloss sollten Sie mit der mitgelieferten Halterung am Fahrradrahmen befestigen. Hier kann ein Dieb sogar mit einem Bolzenschneider ins Schwitzen geraten. Übrigens hat es sich als falsch erwiesen, dass sich diese Schlösser mit Vereisungsspray und einem Hammer sprengen lassen. Tests haben ergeben, dass mindestens drei Dosen Vereisungsspray nötig sind, um das Schloss auf die nötigen Minusgrade zu kühlen.

Ein besonderes Kapitel im Zusammenhang mit der Diebstahlsicherheit sind Schnellspanner an den Rädern. Was nutzt das schönste Schloss, wenn ein Dieb mit einem Handgriff das Vorderrad ausgebaut hat, das Sie an einen schönen dicken Baum gekettet haben? Hier werden mittlerweile aber auch so genannte Nabenschlösser im Handel angeboten, die das schnelle Abschrauben des Rades verhindern sollen. Allerdings sollten Sie sich in diesem Fall besser überlegen, die Schnellspanner durch normale Radachsen mit Muttern zu ersetzen.

Einige Fahrradbesitzer kodieren ihre Fahrräder und lassen sie bei der Polizei registrieren. Häufig werden gestohlene Fahrräder an irgendeinem Zaun oder Baum abgestellt. Die Zuordnung dieser Fundstücke ist mit der Codierung in ganz Deutschland ein Kinderspiel, ohne dagegen fast unmöglich, wenn sich beispielsweise der Besitzer nicht bei der Polizei meldet.

Insgesamt lässt sich ganz klar sagen, dass es eine hundertprozentige Sicherheit gegen den Diebstahl eines Fahrrades nicht gibt. Zu diesem Ergebnis kommt auch die Stiftung Warentest.

Sie sollten es potenziellen Dieben allerdings dennoch so schwer wie möglich machen, Ihr Rad zu stehlen. Ein gut gesichertes Fahrrad wirkt auf Diebe mitunter bereits abschreckend genug. Sparen Sie also nicht beim Schloss und legen Sie sich ein Bügelschloss, ein gepanzertes Kabelschloss oder ein schweres Kettenschloss zu.

Rahmen, Sattel & Co.

Der Rahmen bildet sozusagen das Rückgrad Ihres Fahrrads. An ihn sind alle weiteren Teile montiert, er sorgt für die nötige Stabilität und bestimmt auch die Charakteristik Ihres Drahtesels. Ein schwerer Rahmen eignet sich nicht zum Fahren von Radrennen, mit dem filigranen und leichten Rennradrahmen sollten Sie andererseits nicht unbedingt im Gelände Ihr Glück versuchen. An dieser Stelle soll es nun zunächst darum gehen, woran Sie einen gut verarbeiteten Rahmen erkennen können.

Kennzeichen eines guten Rahmens

Fahrradrahmen sind Bauteile, die normalerweise nicht kaputtgehen. Sollten Sie dennoch einmal einen Rahmenbruch zu beklagen haben, bedeutet das meist auch das Ende Ihres Drahtesels. Nur selten lohnt es sich, den Rahmen zu ersetzen. Da er auf der anderen Seite natürlich auch erheblichen Belastungen ausgesetzt ist, muss der Rahmen Ihres Rades von besonderer Qualität sein. Es gibt einige Kennzeichen, an denen Sie erkennen können, ob Sie es hier mit einem hochwertigen Produkt zu tun haben.

Schweißnähte

Sehen Sie sich zunächst einmal ganz genau die Schweißnähte an. Hochwertige Schweißnähte sehen sauber und gleichmäßig geschuppt aus. Sie weisen keine Einschlüsse

oder kleinere Löcher auf. Manche Rahmenhersteller verschleifen jeweils die Schweißnähte, sodass der Rahmen wie aus einem Guss aussieht. Auch hier haben Sie es dann für gewöhnlich mit hochwertigem Material zu tun. Car-
bonrahmen sehen nicht nur aus wie aus einem Guss, sie sind es auch. Zudem werden bei ihnen oft die Übergänge noch zusätzlich verstärkt. Derartige Qualität hat allerdings dann auch ihren Preis.

Durchdachter Aufbau

Insbesondere bei Mountainbikes, bei denen die Führung der Brems- und Schaltzüge häufig direkt an den Rahmen gelötet wird, sollten Sie auf eine durchdachte Führung dieser Züge achten. Dabei ist es wichtig, dass die Züge nirgends unnötig scheuern und an allen Stellen gut zugänglich sind. Geschmiedete Ausfallenden und ein Schaltzug, der von oben zum Umwerfer geführt wird, sollten hier Standard sein. Außerdem hat es Vorteile, wenn das Ausfallende und das Schaltauge aus einem Stück geschmiedet sind.

Fahrradfederung

Viele Fahrräder – und nicht nur Mountainbikes – werden heutzutage mit einer Federung ausgeliefert. Dabei verfügen einige Modelle ausschließlich über eine federnde Gabel, andere wiederum sind vollständig gefedert. Die Federung erhöht für gewöhnlich den Fahrkomfort – besonders im Gelände, aber nicht nur dort – erheblich. Sie will aber korrekt eingestellt und sorgfältig gewartet werden. Folgendes müssen Sie dabei beachten:

Federung einstellen
Wenn Sie sich ein neues Fahrrad mit einer Federung kaufen, müssen Sie die Federung zunächst auf Ihr Körpergewicht einstellen.

Hinterradfederung einstellen
Die Hinterradfederung ist gut eingestellt, wenn sich die Feder bei Belastung – also, wenn Sie auf dem Rad sitzen – um etwa 25 Prozent zusammenschiebt. Man spricht hier auch von einer Negativfederung von 25 Prozent. Welchen Wert Ihr Fahrrad hier aufweist, können Sie mit einer einfachen Messung herausfinden. Setzen Sie sich dazu auf Ihr Rad und bitten Sie eine weitere Person, die Kompression der Feder zu messen. Beträgt die Negativfederung weniger als 25 Prozent, können Sie diese durch das Drehen der Rändelschraube direkt an der Feder gegen den Uhrzeigersinn beheben. Liegt der Wert über 25 Prozent, müssen Sie die

Schraube im Uhrzeigersinn drehen. Diese Einstellung lässt sich in der Regel recht schnell und problemlos optimieren.

Federgabeln einstellen
Auch bei Federgabeln können Sie sich als Faustregel merken, dass die Negativfederung etwa 25 Prozent des maximalen Federweges betragen sollte. Wie groß der maximale Federweg bei Ihrem Fahrrad ist, erfahren Sie aus der Gebrauchsanweisung Ihres Rades oder der Gabel, falls Sie diese nachträglich montiert haben. Setzen Sie sich nun wieder auf das Rad, das eine zweite Person festhalten sollte, und messen Sie den Weg, den die Feder in das Standrohr gedrückt wird. Die Federhärte können Sie dann gegebenenfalls mit Drehknöpfen oben auf den Standrohren einstellen. Auch diese Arbeit geht recht schnell von der Hand.

Federgabeln zerlegen und Ölwechsel vornehmen
Für diese Tätigkeiten benötigen Sie etwas Routine. Es empfiehlt sich deshalb – wenn Sie eher Anfänger in Sachen Fahrradreparatur sind – sie von einem Fachmann ausführen zu lassen.

Die Steuerung

Wenn Ihr Rad schon ein wenig in die Jahre gekommen ist, kann es vorkommen, dass sich der Lenker nicht mehr leicht und problemlos bewegen lässt. Dann wird es Zeit, den Steuersatz auseinander zu bauen, neu zu schmieren und gege-

benenfalls verschlissene Teile zu erneuern. Diese Arbeit ist nicht allzu schwierig.

Den klassischen Steuersatz pflegen
Um den klassischen Steuersatz, wie er meist zu finden ist, auseinanderzubauen, gehen Sie wie folgt vor.

Benötigtes Werkzeug
Steuersatzschlüssel, Schraubenzieher und eventuell Schraubenschlüssel.

Arbeitsschritte
1 Lösen Sie die Klemmschraube aus dem Vorbau und ziehen Sie ihn mit dem Lenker und den Hebeln aus dem Gabelschaftrohr. Fixieren Sie den Lenker am Rahmen, zum Beispiel mit Kabelbindern.

Einstellmutter
Kontermutter
Klemmschraube
Vorbau
Obere Lagerschale
Gabelschaftrohr
Steuerrohr
Untere Lagerschale

2 Lösen Sie nun die Kontermutter des Steuersatzes. Dabei ist es wichtig, dass Sie genau passende Steuersatzschlüssel verwenden, weil Sie sonst unter Um-

ständen den Sechs-
kant der Muttern be-
schädigen können.
Unter der Konter-
mutter finden Sie ei-
ne Unterlegscheibe.
Entfernen Sie diese.
Möglicherweise be-
nötigen Sie dazu ei-

nen Schraubenzieher als Hebel. Entfernen Sie die Einstellmutter. Achten Sie darauf, dass die Gabel nach unten
herausrutschen kann.

3 Jetzt können Sie die Gabel nach unten herausziehen. Dabei
sollten Sie auf jeden Fall darauf achten, dass keine Kugeln
verloren gehen. Anschließend können Sie alle Kugeln aus
den Lagerschalen oben und unten im Steuerrohr entfernen,
die Lagerschalen reinigen, mit frischem Fett versehen und
die Kugeln wieder in die Schalen stecken.

4 Nun können Sie die Gabel und den Steuersatz wieder in
umgekehrter Reihenfolge montieren.

Müssen die Lagerschalen ausgetauscht werden, sollten Sie
diese Arbeit von einem Fachmann ausführen lassen. Insbesondere der Einbau der neuen Lagerschalen muss extrem
exakt vonstatten gehen, um das Steuerrohr nicht zu beschä-
digen. Hierzu ist ein Spezialwerkzeug nötig, das sich kaum
in Ihrem Hobbykeller finden dürfte. Da diese Arbeit nur sehr
selten nötig ist, lohnt sich eine Anschaffung auch nicht.

Aheadset-Steuersatz pflegen

Einen Aheadset-Steuersatz finden Sie vor allem bei Mountainbikes. Wie Sie ihn pflegen können, wird hier erklärt.

Benötigtes Werkzeug

Innensechskantschlüssel, Schraubenzieher.

Arbeitsschritte

1 Oben im Gabelschaftrohr befindet sich eine Klemmkralle. Entfernen Sie die Einstellschraube, die in dieser Klemmkralle verschraubt ist. Nun können Sie die Abschlusskappe nach oben wegziehen und sehen die Vorbauklemmschrauben. Lösen Sie diese Schrauben. Sie können nun den Vorbau nach oben abziehen. Möglicherweise müssen Sie noch Distanzringe oder eine Abdeckung entfernen. Merken Sie sich in diesem Fall, in welcher Reihenfolge Sie später die Bauteile wieder aufstecken müssen.

2 Jetzt finden Sie oben auf dem Steuerrohr einen Kompressionsring. Heben Sie diesen Ring vorsichtig mit einem Schraubenzieher oder Messer nach oben ab. Eventuell finden Sie auch noch einige Dichtungsringe. Diese heben Sie auch nach oben ab.

3 Die obere Lagerschale lässt sich jetzt nach oben herausheben. Gehen Sie vorsichtig vor, denn die Gabel hat nach unten keinen Halt mehr und kann einfach herausfallen. Lassen Sie die Gabel aus dem Steuerrohr gleiten und entfernen Sie auch das untere Lager.

4 Jetzt können Sie die Lager, wie auf Seite 168 beschrieben, reinigen und wieder einbauen. Schließlich können Sie den Steuersatz und den Vorbau in umgekehrter Reihenfolge wieder montieren.

Die Gabel

Insbesondere nach Unfällen kann es passieren, dass die Gabel ihres Fahrrads verzogen ist und ausgetauscht werden muss. Auch diese Arbeit können Sie ohne größere Umstände selbst erledigen.

Bei dieser Gelegenheit sollten Sie dann auch gegebenenfalls den Steuersatz kontrollieren und neu schmieren. Die Arbeitsschritte zum Aus- und Einbau der Gabel finden Sie im Abschnitt über die Pflege des Steuersatzes auf Seite 167 beschrieben.

Der Lenker

Der Lenker ist neben den Pedalen und dem Sattel der Kontaktpunkt des Fahrers mit seinem Drahtesel. Deshalb ist es wichtig, dass Sie beim Kauf eines Rades immer darauf achten, einen für Sie bequemen und funktionellen Lenker zu erhalten. Dieser sollte so gestaltet sein, dass er Ihnen eine bequeme Sitzhaltung ermöglicht. Außerdem müssen Sie alle Hebel – also Bremsen und Schaltung – bequem, sicher und schnell erreichen können.

Sie sollten auf jeden Fall eine Probefahrt unternehmen, um festzustellen, ob der Lenker auch für Ihre Handgelenke optimal ist und auf Dauer keine Schmerzen verursacht. Ein Fahrradlenker besteht aus zwei Bestandteilen, dem Vorbau und dem Lenkerbügel.

Mit dem Vorbau wird der Lenker mit der Gabel verbunden, am Bügel befinden sich Griffe und Hebel. Auch die Klingel ist hier montiert. Man unterscheidet grundslätzlich zwei verschiedene Bauformen von Lenkerbügeln: Tourenbügel und Multipositionsbügel.

Tourenbügel

Bei Tourenbügeln handelt es sich um relativ einfache Gebilde. Meistens haben Sie es hierbei mit abgewinkelten Stangen zu tun, die an ihren Enden mit Handgriffen versehen sind. Bei diesen Bügeln ist nur eine unveränderliche Sitzposition des Fahrers vorgesehen. Bügel für eine sportliche, nach vorn gebeugte Sitzhaltung sind eher gerade und flach.

Wenn Sie eine aufrechte Sitzposition bevorzugen, sollten Sie einen nach oben geschwungenen und nach hinten abgeknickten Bügel – denn auf diese Weise wird der Abstand zwischen Sattel und Lenkergriffen verringert – montieren.

Natürlich gibt es beide Bauweisen in verschieden starken Ausprägungen. Auch bei der Auswahl der passenden Tourenbügel ist es also wichtig, das Rad Probe zu fahren, um herauszufinden, welche Bauweise Ihnen am besten zusagt.

Multipositionsbügel

Wie der Name bereits sagt, ermöglichen es Ihnen die Multipositionsbügel, je nach Bedarf mehrere unterschiedliche Sitzpositionen einzunehmen. Sie sind meist wie eine liegende Acht gestaltet und komplett gepolstert, sodass Sie den Lenker in den unterschiedlichsten Stellen bequem greifen können.

Auch bei diesen Lenkertypen gibt es eine bevorzugte Haltung. In Reichweite dieser Griffposition werden dann die Hebel für Bremsen und Schaltung montiert.

Bügelerweiterungen

Sie können Lenkerbügel häufig durch so genannte Barends – sie werden an den Enden montiert – oder Aufleger für die Unterarme – diese Erweiterung montieren Sie in der Regel mittig am Lenkerbügel – erweitern.

Derartige Zusatzteile lassen sich allerdings nicht an jeden Lenker anbauen. Im Zweifelsfall kann Ihnen hierbei allerdings Ihr Fahrradhändler weiterhelfen. Die Montage der Zusatzteile ist im Allgemeinen einfach und gut beschrieben. Achten Sie auf jeden Fall darauf, dass die Erweiterungen fest und sicher sitzen, damit sie nicht beim Fahren plötzlich wegrutschen.

Die Lenkermontage

Ohne Schwierigkeiten können neue Lenker montiert werden (Achtung: auf den passenden Lenkerdurchmesser achten!).

Arbeitsschritte

1 Montieren Sie zu-
nächst den Vorbau,
wie dies im Abschnitt
zur Steuerung, Seite
166 ff. beschrieben ist.

2 Schieben Sie nun
den Lenkerbügel in
die Klemmung des
Vorbaus. Achten Sie
dabei darauf, dass
der Lenker nicht ver-
kratzt.

3 Danach können Sie
den Lenker am Vor-
bau festschrauben.

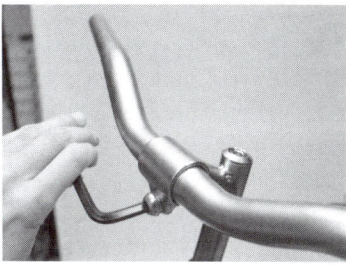

4 Montieren Sie nun
die einzelnen Bedien-
elemente wie Schalthebel, Bremshebel und Klingel (siehe
hierzu auch die entsprechenden Kapitel). Achten Sie auch
bei dieser Arbeit darauf, dass der Lenker nicht verkratzt.
Feilen Sie vorher scharfe Kanten an den Hebeln oder der
Klingel ab.

Tipp: Wenn Sie ein unschönes Knacken im Lenkerbereich
vermeiden wollen, können Sie ein wenig Fett zwischen
Lenkerbügel und Vorbauklemmung geben. Dann bleibt das
störende Geräusch meist aus.

Der Sattel

Wer schon einmal längere Zeit auf einem schlechten Sattel gesessen hat, weiß ein Lied davon zu singen, wie empfindlich der Allerwerteste auf derartige Misshandlungen reagieren kann. Da bleibt das Fahrvergnügen schnell auf der Strecke. Mit einem guten Sattel passiert so etwas nur selten. Deshalb dürfen Sie sich auch bei der Auswahl des Sattels durchaus wählerisch zeigen.

Sattel gibt es in den verschiedensten Formen und Ausführungen, weich gepolstert oder eher hart, lang und schmal oder kurz und breit. Welches Modell am besten zu Ihrer Anatomie passt, können Sie am besten durch eine lange Probefahrt herausfinden. Ein guter Händler wird Ihnen eine solche Probefahrt auch gewähren – oder zumindest eine kulante Umtauschregelung mit Ihnen treffen.

Aber es geht bei der Wahl des richtigen Sattels nicht nur um Ihre Bequemlichkeit. Die richtige Sitzposition trägt entscheidend dazu bei, die Kraft Ihrer Beine auf die Pedale zu bringen und somit auf die Straße zu übertragen. Wer in der richtigen Position sitzt, ermüdet langsamer und hat auch bergauf weniger Probleme.

Die richtige Sitzposition
Ermitteln Sie zunächst die richtige Sitzhöhe. Dafür stellen einige Ratgeber eine mathematische Formel zur Verfügung, aber es hat sich gezeigt, dass nichts über das Ausprobieren geht.

Setzen Sie sich auf Ihr Rad und stellen sie einen Fuß mit dem Ballen auf die am tiefsten Punkt stehende Pedale. Ihr Kniegelenk

sollte nun nicht ganz durchgedrückt sein. Viele Ratgeber sprechen hier von einem Winkel von 175 Grad, ein durchgedrücktes Kniegelenk wiese hingegen einen Winkel von 180 Grad auf. Wenn Sie nun denselben Fuß mit der Ferse auf die Pedale stellen, müsste Ihr Knie durchgedrückt sein. Sollten Sie auf diese Weise feststellen, dass der Sattel in der Höhe verstellt werden muss, gehen Sie folgendermaßen vor:

Arbeitsschritte
1 Öffnen Sie den Schnellspanner oder die Schraube, mit dem die Sattelstütze im Sitzrohr befestigt ist.

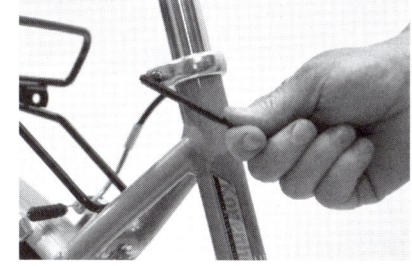

2 Bringen Sie den Sattel in die richtige Position. Die Sattelstütze muss auf jeden Fall mindestens 6,5 cm im Sitzrohr bleiben, damit sie noch genug Halt hat. Wenn Ihre Sattel-

stütze nicht lang genug ist, müssen Sie eine längere besorgen.

3 Schrauben Sie die Schraube oder den Schnellspanner wieder fest.

Die richtige Satteleinstellung

Die Sitzfläche des Sattels sollte grundsätzlich waagerecht ausgerichtet werden. Sollte sich beim Fahren allerdings nach einiger Zeit ein Taubheitsgefühl einstellen, können Sie versuchen, den Sattel ganz leicht nach unten zu neigen. Dann werden die so genannten Sitzhöcker ein wenig stärker belastet und die Beschwerden hören meist auf. Wenn Sie auf dem Sattel sitzen und die Kurbeln genau waagerecht stehen, sollten Sie ein Lot von der Kniescheibe auf die Pedalachse oder kurz dahinter fällen können. Dies ist genau die richtige waagerechte Sitzposition. Ist das nicht der Fall, sollten Sie die Einstellung Ihres Sattels entsprechend verändern. Dazu führen Sie folgende Arbeitsschritte aus:

Arbeitsschritte

1 Bei klassischen Sattelbefestigungen öffnen Sie die Muttern rechts und links am Sattelkloben mit einem Schraubenschlüssel so weit, dass Sie den Sattel bewegen können.

2 Bringen Sie anschließend den Sattel in die richtige Position (Einstellmöglichkeiten: vor – zurück und Kippwinkel).

3 Befestigen Sie die Schrauben wieder sorgfältig.

Bei so genannten Patentsattelstützen ist die Stütze in den Sattel integriert. Diese Verbindung wird durch eine Innensechskantschraube fixiert. Wenn Sie diese Schraube öffnen, können Sie auch hier die Position des Sattels korrigieren.

Der Gepäckträger

Gepäckträger zählen schon seit längerem nicht mehr zum selbstverständlichen Zubehör eines Fahrrads. Bei Rennrädern und Mountainbikes fehlen sie für gewöhnlich immer. Diese Räder können Sie jedoch zumeist mit einem Gepäckträger nachrüsten. Grundsätzlich lassen sich zwei verschiedene Bauarten von Gepäckträgern unterscheiden: die normale Variante, wie sie serienmäßig an viele Trekking- oder Citybikes montiert wird, und die so genannten Lowrider, die am Vorderrad zu finden sind.

Der normale Gepäckträger

Beim Einbau eines neuen Gepäckträgers sollten Sie auf jeden Fall darauf achten, dass er vollkommen spannungsfrei montiert ist, damit nicht bei der ersten größeren Belastung eine der Streben bricht. Gewalt ist hier also fehl am Platze. Entscheiden Sie sich – wenn Sie sich einen neuen Gepäckträger kaufen – für ein Modell, das an vier Punkten mit dem Rahmen verschraubt wird. Dadurch verbessert sich die Stabilität des Bauteils wesentlich. Dabei wird der Gepäckträger jeweils unten an den dafür vorgesehenen Anlötteilen festgeschraubt. Die oberen Befestigungen befinden sich an den beiden Sitzstreben. Sollte Ihr Fahrrad – das gilt insbesondere für ältere Modelle und einige Mountainbikes – nicht die nötigen Anlötteile aufweisen, stellt das auch kein Problem dar. Beim Fahrradhändler können Sie spezielle Rahmenschellen bekommen, mit denen Sie jedes Gepäckträgermodell an ihrem Rad montieren können.

Auch für das Vorderrad sind Gepäckträger, die nach dem gleichen Prinzip befestigt werden können, erhältlich. Hier gibt es jedoch eine gute Alternative.

Der Lowrider
Bei den so genannten Lowridern handelt es sich um spezielle Konstruktionen für das Vorderrad. An Ihnen können Sie Gepäcktaschen befestigen. Die Taschen befinden sich ungefähr auf der Höhe der Nabe, sodass sich ihr Schwerpunkt auch in der Nähe der Achse befindet. Dadurch können Sie ein sehr ausgewogenes Lenkverhalten erreichen, vorausgesetzt Sie beladen die Gepäcktaschen an beiden Seiten ungefähr gleich schwer. Einen Korb können Sie mit dem Lowrider indes nicht transportieren. Das geht nur mit dem hohen Modell.

Montiert wird der Lowrider unten an den dafür vorgesehenen Anlötteilen. Da er nicht so weit nach oben reicht wie ein herkömmlicher Gepäckträger, befindet sich die obere Befestigung des Lowriders in der Mitte der Gabeln. Auch hier weisen viele Räder spezielle Anlötstellen für die Montage auf. Ist das bei Ihrem Rad nicht der Fall, können Sie für den Lowrider ebenfalls Rahmenschellen im Fachhandel bekommen.

Der Ständer

Für den Alltagsgebrauch sollten Sie an Ihrem Fahrrad auf jeden Fall einen Ständer haben. Ist der nicht serienmäßig vorhanden oder abgebrochen, was bei den serienmäßigen Modellen gern passiert, können Sie schnell Ersatz beschaffen. Hier können Sie meist unter drei grundsätzlich verschiedenen Bauarten wählen.

Zunächst können Sie einen Ständer an der Pletscherplatte hinter dem Tretlager montieren – im Falle, dass diese vorhanden ist. Bei diesem Montageort können Sie zwischen einem Seitenständer und einem Mittelständer, der ein wenig den Ständern von Mopeds und Motorrädern gleicht, wählen. Der Mittelständer bietet hier mehr Stabilität und hat außerdem den weiteren Vorteil, dass er das Hinterrad aufbockt. So haben Sie bei Reparaturen am Rad, der Schaltung oder Kette ein leichteres Spiel. Sie können aber auch einen stabilen Einbeinständer hinten am linken Ausfallende des Rahmens anbringen. Ständer solcher Art garantieren für gewöhnlich ebenso eine sehr hohe Standfestigkeit.

Tipp: Umwickeln Sie den Rahmen vor der Montage des Ständers mit Gewebeband oder einem Stück Fahrradschlauch. Das hilft, Kratzer im Lack zu vermeiden.

Der Kettenschutz

Nicht jedes Rad verfügt ab Werk über einen Kettenschutz. Aber Sie können nahezu jedes Rad dementsprechend nachrüsten. Insbesondere, wenn Sie nicht nur mit eng anliegender Sportkleidung Fahrrad fahren, kann Ihnen ein Kettenschutz gute Dienste leisten. Denn der Kettenschutz verhindert nicht nur, dass die Kette verschmutzt, sondern auch, dass sich die Kleidung in der Kette verfängt oder dass es bei der Berührung mit der Fahrradkette zu Hautabschürfungen kommt.

Bei Rädern mit Nabenschaltung stellt die Auswahl und Montage des Kettenschutzes überhaupt kein Problem dar. Hinten wird er in den meisten Fällen am selben Anlötteil, an dem auch der Gepäckträger und die Schutzbleche befestigt sind, festgeschraubt. Vorn befindet sich meist am Sitzrohr eine entsprechend vorbereitete Montagestelle für den Kettenschutz.

Sollten die Anlötteile bei Ihnen fehlen, können Sie beim Fahrradhändler entsprechende Rahmenschellen zur Befestigung bekommen.

Viele Fahrradhändler werden Ihnen erzählen, für Ihre Kettenschaltung gebe es keinen Kettenschutz. Lassen Sie sich davon nicht irritieren. Sie müssen nur ein wenig suchen, dann werden Sie meist ein Bauteil finden, das sich dennoch an Ihr Rad montieren lässt. Achten Sie aber auf jeden Fall darauf, dass der Kettenschutz vorn genug Platz für den Umwerfer bietet.

Die Schutzbleche

Dass Schutzbleche sehr nützliche Fahrradbauteile sein können, erkennt man spätestens nach der ersten Regenfahrt ohne Schutzblech. Von der Straße aufgewirbeltes Wasser wird nicht wie mit einem Schutzblech wieder nach unten abgeleitet, sondern spritzt nach oben auf den Fahrer. Für gewöhnlich lassen sich allerdings alle Räder mit Schutzblechen nachrüsten.

Sie werden normalerweise am Rahmen – oft zusammen mit den Bremsen und vorn auch mit dem Scheinwerfer – verschraubt. Zusätzlich werden sie mit zwei oder drei Streben auf jeder Seite an der Gabel befestigt. Bei drei Streben können Sie das lästige Klappern der Schutzbleche nahezu ausschließen.

Nicht jeder mag fest verschraubte Schutzbleche an seinem Rad. Insbesondere Besitzer von sportlichen Rädern oder Mountainbikes scheuen sich häufig, diese Bauteile zu montieren. In solch einem Fall stellen aufsteckbare Kunststoffschutzbleche eine Alternative dar, die aber leider nicht immer so effektiv vor Spritzwasser schützen wie fest verschraubte Bleche.

Grundsätzlich sollten Sie beim Kauf von Schutzblechen auf jeden Fall auf Länge und Breite achten. Zu kurze Bleche bieten ebenso wenig einen Schutz wie zu schmale Bauteile. Die Schutzbleche sollten auf jeden Fall – soviel können Sie sich als Faustregel merken – etwas breiter als der Reifen sein.

Erste Hilfe bei Pannen unterwegs

Welche Werkzeuge und Ersatzteile zur Grundausstattung während einer Fahrradtour gehören, haben Sie bereits im ersten Kapitel erfahren. Damit dürften Sie auch unterwegs nie in größere Verlegenheit geraten.

Doch was tun, wenn Sie gerade keine Ersatzteile zur Verfügung haben und dennoch ihre Fahrt – wenigstens bis zur nächsten Werkstatt – fortsetzen möchten? Hier gibt es ein paar Tricks und Kniffe, die Ihnen weiterhelfen.

Wenn Sie beispielsweise auf freiem Feld einen Platten bekommen, aber weder Flickzeug noch Luftpumpe bei sich haben, müssen Sie Ihr Fahrrad noch lange nicht schieben. Sie können den Reifen nämlich auch notdürftig mit Gras, Heu oder Laub ausstopfen und dann vorsichtig zur Werkstatt fahren. Das ist zwar nicht bequem, aber auf jeden Fall besser, als mit Plattfuß zu fahren und so vielleicht auch noch die Felge zu ruinieren.

Es kann passieren, dass Ihnen unterwegs eine Speiche bricht. Weit sollten Sie dann zwar nicht mehr fahren, nach Hause oder zur nächsten Werkstatt kommen Sie aber allemal. Brechen Ihnen aber gleich mehrere Speichen, sollten Sie, vorausgesetzt Sie führen das passende Werkzeug mit sich, die verbliebenen gleichmäßig auf das ganze Rad verteilen und so dafür sorgen, dass die Felge noch möglichst stabil laufen kann.

Bei gerissenen Brems- oder Schaltzügen können Sie beispielsweise versuchen, die gerissenen Zugenden mit einer Lüsterklemme wieder zu verbinden. Es hat sich auch als nützlich erwiesen, in beide Zugenden jeweils eine Schlinge zu knüpfen und diese dann mit einem Kabelbinder zu verbinden. Ist der Bremszug am Bremshebel gerissen, können Sie das lose Ende an einen kurzen Stock knüpfen und dann bis zur nächsten Werkstatt mit diesem Behelfshebel bremsen. Bei gerissenen Schaltzügen sollten Sie den Umwerfer vorn und das Schaltwerk hinten mit Klebeband so fixieren, dass Sie einen bequemen Gang nach Hause fahren können.

Auch mit gebrochenen Rahmenteilen oder Gabeln können Sie unter Umständen ihre Fahrt fortsetzen. Zur Reparatur benötigen Sie einen Stock und Schlauchschellen. Schnitzen Sie den Stock auf die richtige Dicke zurecht und schieben Sie ihn so in das gebrochene Rohr, dass er beide Teile miteinander verbindet. Nun können Sie ihn mit den Schlauchschellen fixieren. Das funktioniert auch bei einer gebrochenen Sattelstütze.

Reißt Ihre Kette, können Sie probieren, das gebrochene Glied mit Draht oder einem dünnen Nagel, dessen Spitze Sie mit dem Seitenschneider entfernt haben, wieder zu flicken. Natürlich ist eine so präparierte Kette ein Provisorium und hält keinen größeren Belastungen mehr stand.

Bei allen derartigen Reparaturen gilt: Bremsen Sie vorsichtig und fahren Sie langsam und nur bis zur nächsten Werkstatt!

Glossar

Anlötteil: Am Rahmen angelöteter Metallsockel, an dem man beispielsweise Gepäckträger montieren kann.

Antrieb: Einheit, die das Rad antreibt, indem sie die Kraft des Fahrers auf die Straße überträgt. Dazu zählen Pedale, Kette, Kurbeln und Zahnräder.

Ausfallende: Ende der Gabel oder des Rahmenhinterbaus, in denen die Räder befestigt werden.

Barend: Lenkeranbauten, die wie Hörnchen, die außen an den Lenker montiert werden, werden auch „Bull Horns" genannt.

Bowdenzug: Einheit bestehend aus einem Stahlseil und einer Außenhülle, überträgt beim Bremsen und Schalten die Kraft von den Hebeln zu den mechanischen Bauteilen.

Druckpunkt: Punkt, an dem die Bremsgummis die Felgen berühren.

Freilauf: Mechanismus an der Nabe, der es erlaubt, dass sich das Rad dreht, auch wenn die Kurbeln sich nicht bewegen.

Freilaufkörper: Bauteil an der Nabe, durch den der Freilauf sichergestellt wird.

Gabel: Bauteil, das das Vorderrad hält.

Gabelkopf: Hier laufen die beiden Rohre der Gabel zusammen.

Gabelschaft: Im Steuerkopf sitzendes Rohr der Gabel, in das der Lenkerschaft hineingesteckt und durch Klemmung befestigt wird.

Getriebe: siehe Antrieb.

Hydraulik: Mechanisches System, bei dem Flüssigkeiten eingesetzt werden, um Teile zu bewegen.

Indexschaltung: Kettenschaltung, bei der die einzelnen Gänge merklich einrasten.

Innensechskantschlüssel (Inbusschlüssel): sechskantiger Metallstift zum Öffnen von Innensechskantschrauben.

Kettenblatt: Vorderer Zahnkranz.

Klemmkeil: Metallkeil, mit dessen Hilfe zwei Teile miteinander verbunden werden. Besonders ältere Tretkurbeln sind mit Klemmkeilen befestigt.

Konterschraube: Mutter, mit der man eine andere Mutter fixiert.

Kranz: Metallring mit Zähnen, anderer Ausdruck für Ritzel.

Kurbel: Hebel, der das Pedal mit den Kettenblättern verbindet.

Lager: Vorrichtung, die dazu dient, die Reibung sich drehender Teile zu vermindern. Die Hauptlager am Fahrrad sind das Tretlager, Pedallger, Radlager und Lenkkopflager.

Lagerschale: Teil des Lagers, auf dessen Flächen die Lagerkugeln laufen, ist in den meisten Fällen fest in den Rahmen eingepresst.

Lauffläche: Teil des Reifens, der Kontakt zur Straße hat.

Madenschraube: Kopflose Gewindeschraube mit gleich bleibendem Durchmesser.

Muffe: Stahlteil, das die Rahmenrohre verbindet.

Nippel: Metallteil, das die Speiche in der Felge befestigt und mit dem man die Speiche spannen kann.

Patronenlager: Tretlager, das als Einheit aus Tretachse, Kugeln Lagerschalen und Gehäuse in das Tretlagerrohr geschraubt wird.

Querkabel: Kurzes Drahtseilkabel, das die Arme einer Mittelzugbremse verbindet.

Ritzel: Metallrad mit Zähnen, siehe auch Kranz.

Sattelstütze: Rohr, das den Sattel trägt.

Schaltauge: Befestigung am Rahmen für das Schaltwerk.

Schaltkäfig: Teil des Schaltwerks zur Führung und Spannung der Kette.

Schaltwerk: Bauteil einer Kettenschaltung durch welches die Kette auf die vrschiedenen Ritzel umgelegt wird.

Schnellspanner: Schraubbefestigung für Räder und Sattel, die mit einem Hebel gelöst und festgeschraubt werden kann.

Sitzrohr: Teil des Rahmens, in dem die Sattelstütze sitzt.

Steuerrohr: Teil des Rahmens, in dem der Gabelschaft sitzt.

Steuersatz: Einheit, die Gabel und Rahmen verbindet.

Tretlager: Tretlager bestehend aus Kugeln, Lagerschale und Tretachse. An der Tretachse werden die Kurbeln für die Pedale befestigt.

Umwerfer: Vorderes Schaltwerk, das die Kette von einem Kettenblatt zum nächsten schaltet.

Vorbau: Bauteil, das Lenkerbügel und Gabelschaft verbindet.

Zahnkranz: Zahnrad, siehe auch Ritzel.

Nützliche Adressen

Verbände und Vereine

ADFC (Allgemeiner Deutscher Fahrrad-Club e. V.)
Postanschrift: Postfach 10 77 47, 28077 Bremen
Tel.: 04 21/34 62 90, Fax: 04 21/34 62 950
kontakt@adfc.de
www.adfc.de

BDR (Bund Deutscher Radfahrer e. V.)
Otto-Fleck-Schneise 4
60528 Frankfurt/Main
Tel.: 0 69/96 78 00-0
www.rad-net.de

Rad Club Deutschland
Ravensbergerstraße 10f
33602 Bielefeld
Tel.: 05 21/59 55 77
www.radclub.de

ARGUS
(Arbeitsgemeinschaft umweltfreundlicher Stadtverkehr)
ARGUS Fahrradbüro
Frankenberggasse 11
1040 Wien
Tel.: 00 43 1/50 50 907

service@argus.or.at
www.argus.or.at

IG Velo (Interessengemeinschaft Velo) Schweiz
Postfach 6711, 3001 Bern
Tel.: 0041 31 318 5411, Fax: 0041 31 312 2402
info@igvelo.ch
www.igvelo.ch

Nützliche Internetseiten

www.1000bikelinks.de (Linkliste mit mehr als 4000 Links)
www.bikesport.de (Internetportal rund ums Fahrrad)
www.birdy-freunde.de (Faltrad Birdy, Homepage)
www.fahrrad.de (E-Commerce-Portal zum Thema Fahrrad)
www.hpv.org (Homepage für Liegeradinteressierte)
www.radfun.de (Internetportal zum Thema Bike-Training)
www.radsportaktiv.de (größtes Portal zum Thema Radsport)
www.tandem-fahren.de (Information rund ums Tandem)

Literaturtipps

Barzel, Peter: Die neue Fahrradtechnik. Instandsetzung, Konstruktion, Fertigung. Bielefeld, 2005.

Fehlau, Gunnar:1000 Tipps für Biker. Bielefeld, 2000.

Hallett, Richard: Fahrrad – Wartung, Pflege, Reparatur. Bielefeld, 2003.

Joyce, Dan/Reid, Carlton/Vincent, Paul: Das große Buch vom Fahrrad. Bielefeld, 2000.

Kälberer, Stefan: Fahrradreparaturen. München, 2004.

Lewerenz, Frank/Kaindl, Martin/Linthaler, Tom: Das Mountainbike-Technikbuch. Materialien, Technik, Wartung, Einstellungen. Stuttgart, 2005.

Lewerenz, Frank/Kaindl, Martin/Linthaler, Tom: Das Rennrad-Technikbuch. Materialien, Technik, Wartung, Einstellungen. Stuttgart, 2005.

Milson, Fred: Fahrrad. Wartung und Reparatur. Bielefeld, 2006.

Plas, Rob van der: Die Fahrrad-Werkstatt. Reparatur und Wartung Schritt für Schritt. Bielefeld, 2004.

Smolik, Hans-Christian/Etzel, Stefan: Das große Fahrradlexikon. Technik – Material – Praxis von A – Z. Bielefeld, 2002.

Smolik, Hans-Christian/Etzel, Stefan: Das neue Fahrrad-Reparaturbuch. Anleitungen und Tips mit Pfiff. Bielefeld, 2004.

Straßenverkehrsrecht (StVR): München, 2005.

Register